风雨兼程，磨励前行

周淑华 \ 著

北京工艺美术出版社

图书在版编目（CIP）数据

风雨兼程，磨砺前行/周淑华著. — 北京：北京工艺美术出版社， 2018.3
（励志·坊）
ISBN 978-7-5140-1219-4

Ⅰ.①风… Ⅱ.①周… Ⅲ.①人生哲学－通俗读物　Ⅳ.①B821-49

中国版本图书馆CIP数据核字（2017）第298400号

出　版　人：陈高潮
责任编辑：周　晖
封面设计：天下装帧设计
责任印制：宋朝晖

风雨兼程，磨砺前行

周淑华　著

出　　版	北京工艺美术出版社	
发　　行	北京美联京工图书有限公司	
地　　址	北京市朝阳区化工路甲18号	
	中国北京出版创意产业基地先导区	
邮　　编	100124	
电　　话	（010）84255105（总编室）	
	（010）64283630（编辑室）	
	（010）64280045（发　行）	
传　　真	（010）64280045/84255105	
网　　址	www.gmcbs.cn	
经　　销	全国新华书店	
印　　刷	三河市天润建兴印务有限公司	
开　　本	710毫米×1000毫米　1/16	
印　　张	18	
版　　次	2018年3月第1版	
印　　次	2018年3月第1次印刷	
印　　数	1～6000	
书　　号	ISBN 978-7-5140-1219-4	
定　　价	39.80元	

CONTENTS 目 录

认真而努力地生活

CONTENTS

不负青春张扬起舞

目 录

与世界优雅相处

CONTENTS

带上梦想风雨兼程

←————————————————————————————————————

目 录

有态度地去生活

认真而努力
地生活

成长从来都是一件很残酷的事情，
我们谁都无法逃脱。
我们要做的，
不是委屈，
不是哭泣，
而是打造一副坚硬的铠甲，
在残酷的世界里快乐地行走。

{ 成年人的世界，从来不相信眼泪 }

[1]

一直很喜欢林特特的文字。

昨天看她的新书，她在书里讲了自己十年前的一次远行。

其实那是一次面试。

她穿着白衬衫，一字裙，踩着高跟鞋，恨不能展现自己所有的精致。

然而出了校门，一切都不一样了。

要去的地方很远，转了几趟车，像人鱼罐头一样被挤得喘不过气来。窗外的景色渐渐荒凉，路两边尘土飞扬。

整整坐了三个小时的车。

下车后，看到的是一片混乱，各种小吃摊低垂排列，装修散工蹲在路边。等辛苦地走进面试的学校，她的头发上衣服上鞋上全部都落满了灰尘。

那一路上每一个细节，都让她觉得受伤害，都一寸寸地磨平她的骄傲，昭示着现实的残酷。

那是她第一次找工作，也是第一次独自走那么远的路。

站在面试的楼房前时，她忽然就忍不住哭了。觉得特别委屈，特别不能接受。

前一秒还在校园绿草地上读书的女孩，后一秒已经在滚滚红尘里辗转，为在这个城市留下来而独自打拼。

年少时所有的骄傲和金贵啊，在现实面前被碾得粉碎。

怎么能不委屈？怎么能不哭泣？

但哭过之后，她还是擦干眼泪，微笑着去接受面试。

在会议室里，等待面试的时刻，她无数次有拂袖离去的冲动，怀疑自己留在这个城市的意义。但当面试官推门而入时，她立即弹起来，绽开一个职业化的微笑。

是不是很心酸？但这就是成长。

[2]

看到这个故事，我就想起自己的第一份工作。

那时候我没有出过远门，没有和人打交道的经验，别人看一眼，就知道我是羞涩而没有见过世面的女孩。

因为我会在别人目光的注视下，低头垂目。

其实那份工作很普通，就是在超市里做导购。卖一个固定牌子的奶粉，有顾客来买，就推荐给他们。

那时候我脸皮很薄，不知道怎么开口。有时候好不容易鼓起勇气走到顾客身边，对方往往冷冰冰地来一句：不用介绍，我自己选。

于是我尴尬地退到一边。

"六一"儿童节时，奶粉的摊子前挂上了彩色的气球。有孩子一进门就嚷着要，我取下一个，微笑着递到他们手中。

等顾客前脚出门，店长的脸就冷了下来：气球是买奶粉才能送的，你就这样送了人，怎么卖奶粉？

那时候我真的很笨，一点都不圆滑世故。

但是我从来没有偷过懒，每天把奶粉擦得干干净净，帮忙超市盘点，重新摆货，忙到凌晨两点，又一个人骑单车回家。路上被莫名其妙的人追，我拼命地往前跑，居然摆脱了厄运。

一个年轻的女孩子，独自走在深夜的街头，会发生什么，我很清楚。

那一晚我失眠，虽然很累很累，但想起深夜追逃的那一幕，心有戚戚然，怎么都无法入睡。

第二天早上又装作什么都没有发生，按时上班。

但最终，我还是被辞退。从上班到离开，不过半个月的时间。

那一刻真的很委屈，很难过，眼泪不停地在眼眶里打转。等走出超市的时候，风一吹，眼泪就扑簌簌地掉了下来。

那是对自己最彻底的否定啊，所有的骄傲都被碾成了碎末，怎么能不哭呢？

但哭过之后，不得不打起精神重新上路。现实虽然残酷，却容不得我们停下来喘息。

[3]

认识的一位姐姐，找到自己的爱人，甜蜜地做了新娘。那时以为生活就是无尽的甜蜜，直到一年后孩子出生，一切都变了。

尿布，奶粉，孩子的哭闹，没有一刻停歇。一晚上只能睡半宿，严重缺乏睡眠，让她脸色看上去很差，常常没有精力工作。

爸妈心疼女儿，想来给她带孩子。偏偏这个时候，父亲生病住院，妈妈不但走不了，她还得时刻挂念父亲的病情。

那段时间真的特别难熬，有时候她甚至在心里责怪父亲，为什么偏偏要在这个时候生病呢？

她没有经验带孩子，总是带不好，还有一大堆工作要做。父母心疼她，不让她往医院跑。

有天晚上孩子发烧，她半夜抱着孩子在街头拦车，好不容易坐上出租车，到了医院，发现挂号的人排起了长队。

她加入这队列中，一边担心孩子的病情，一边想着明天要做的工作，还有躺在医院里的父亲，忽然就觉得特别崩溃。

以前她是自由如风的女孩，被父母宠爱，被爱人捧在手心里，从来不知道忧愁为何物。为什么现在所有的事情都要她来承担，为什么现在觉得自己好像落入尘埃里，变得灰头土脸？

以前那个人人宠爱的小公主呢？

她抱着孩子，蹲在医院里放声大哭，好像要把自己这段时间受到的委屈全部哭出来。

但哭过之后，看着怀里发着高烧的孩子，想着医院里的父亲，终究只能擦干眼泪，继续随着人群往前移动。

不管多委屈多崩溃，有些责任总是要承担，有些路总是要去走。你蹲在那里原地不动，只会更糟糕。

成年人的世界，从来不相信眼泪。

[4]

林特特在书里说："中年后的每一次哭泣，我都感到羞耻，因为我哭，说明我无能。"

被这句话深深击中。

我觉得不光是中年，其实成年后的每一次哭泣，都应该感到羞耻。

我们哭，是因为我们受了委屈，而我们之所以受委屈，是因为我们能力有限，我们掌控不了生活的方向，从而充满了无力感。

无论是走出校园后的第一次面试，还是丢了第一份工作，或者失去了一个爱人，或者搞不定生活里的琐碎小事。都是因为我们能力不足啊。

我们恨自己的无能，所以才忍不住哭泣。

但是哭泣有什么用呢？哭泣不会让一切都变得好起来，哭泣不会有人给你糖吃，也不会有人弯下腰来哄你。

因为你已经是成年人了，已经过了用哭来获得关注的年龄。

成长从来都是一件很残酷的事情，我们谁都无法逃脱。我们要做的，不是委屈，不是哭泣，而是打造一副坚硬的铠甲，在残酷的世界里快乐地行走。

以前我不知道为什么林特特给这本书取了这么文艺的名字，直到看完她书中那些关于成长的故事，终于明白，不管这世界怎么以痛吻我们，我们都应该乐观地走下去，把那些不愉快抛在脑后，仅记住这一路上的所有快乐。

既然成长在所难免，不如只记住快乐。

{ 什么都可以没有，但不能没有自律 }

自律能够带给我们自由，最终过上自己想过的生活：干净的圈子，规律的生活，有保障的经济基础，理智的身材和中意的人。

[1]

同事们发现L先生变了，从穿着风格到颜值状态，都不一样了。而且下班就回家，同事和朋友间的约饭能推就推，去了也是九点前要回家。原来他今年交了新女友，同事偶尔看到了他们俩手牵着手一起逛街，才恍然大悟L先生的变化来自于身后的这位女友。

可最近轮到L先生烦恼了，原来他女友是个超级吃货，不光会吃还会做。L先生有口福尝遍美食的同时，体重也飙升了十斤，看着女友一直窈窕的身材，L先生决定用跑步加节食的方式减肥。女友很支持，L先生还有家族高血压病史，她说："你控制住体重不发胖，坚持运动跑步或是游泳两年以上，不靠药物也能控制住血压。"

L先生是大公司金领，工作并不轻松，他还是每天六点起床跑十公里，然后才洗澡换衣吃饭去公司。晚上如果回家早他还要再跑十公里，减肥期间的饮食大多是蔬菜和水果。两个月下来，L先生减重20斤成功回归标准体重之下，但他跑步并未停止，因为原本吃药也控制不佳的血压居然被运动降伏了。

京城已经入冬，早晚气温都在零度以下，L先生依旧每天天不亮起床跑步，也并不耽误人家每天上下班、忙事业和赚钱，连不喜欢跑步的女友看着他的坚持也动了心，打算尝试一下新运动。这几天L先生出差外地，各种公事应酬之后，晚上十点他拍了在酒店健身房跑步的照片发朋友圈，匀称健美的身材，自信的笑容，稳健的步伐。

这样的男人哪个女人会不喜欢？阳光、自律、踏实。L先生的女友也是如此，连吃货这件事都做得很专业，照顾自己的同时也会照顾男人，他们终于彼此相遇又彼此拥有，又懂得唯有共同成长才有可能与子偕老。

自律能够带给我们自由，最终过上自己想过的生活：干净的圈子，规律的生活，有保障的经济基础，理智的身材和中意的人。这是自己修来的惊喜，也是生活给予的奖赏。

[2]

我二十多岁的时候做了单亲妈妈，也没有觉得单身有什么不好，忙着学习、工作、旅行、带宝宝，不能不说自己也很辛苦，但我的快乐在于我能行，并且做到了。到了三十岁的时候我有点心慌慌，年龄的门槛对谁来说都是一道坎，于是决定离开熟悉的地方，去找一份新的生活继续充实自己，我辞职去了厦门。

我又找到了生活的方向，每天都在面朝大海春暖花开，我并没有刻意盼望有人能够来爱自己，而是自己在变得丰盈的路上，越来越懂得活得漂亮才是硬道理。半年后我去西藏自助旅行，在大昭寺偶遇一位喇嘛，他站在大殿走廊里指着一块心形的石头告诉我："这是许愿石，站在上面许姻缘愿最灵。"几天后我在八朗学旅馆的院子里邂逅了我的爱情。

神奇的事情之所以会发生，是因为我在为这一天时刻准备着，从未放弃过狠狠雕刻自己，尽管这样做有时候也会痛到死，但还是重新塑造了一个更好的自己。

我追寻爱情来到北京，去过那时候自己想过的生活。我们相守了很多个快乐的日子，女儿也在新的城市一天天长大，可我的爱情还是在后来的某一天没有了。

其实是拼了大半条命才挺过了崩溃，但从未对身边人吐过半字，即便经济上也一度拮据，那段日子除了工作更加慎言慎行，越是情绪沮丧就越不能生病，以免祸不单行。我依旧保持不变的身材，每天淡妆靓衫，家里一尘不染，我努力坚守我的好习惯，于是渐渐平和柔软。

后来，在我看起来已经不再那么年轻的时候，又遇到了年轻的他。他拉着我的手带我去他从小时候喜欢去的地方，吃他喜欢吃的东西，他和我一样深深爱着故宫的宫墙柳，原来我的爱情还是被这个城市仔细收藏，之前的苦痛伤愁不过是爱的代价。

自律的生活可以帮助自己挺过人生艰难的时光，可以强迫自己克服不应该有的情感和情绪，即便有条件去做也要克制自己不能做，而忍耐则是接受、改变和挺住。对自己狠就是要坚决坚定，并且全力以赴，做不到就不可能得到自己想要的结果。

我是个舍得对自己下狠手的人，所以任何年龄任何时刻我都能我行我素，从不为任何人任何事妥协底线，当痛苦压的左肩担不住，就换到右肩继续扛。美好的事情一直在，我这样希望也这样做着，如果先从自己身上下手，做自己的太阳晒掉悲伤，那我最终坚持的东西就会成为身上的光。

[3]

　　她的生活极有规律，按时作息，锻炼身体，几十年如一日每天走五公里，定时三餐不少吃一点，但也绝不多吃一口，体重保持在一个数字上不动。她看书读报，还用笔记录下了这个家庭的变迁和孩子的成长，说是要留给孙辈看。

　　从未见她发过脾气打过孩子，一生细语温柔且豁达宽容，苦中能忍甜中能敛，不论顺境逆境始终表里如一。她骨子里流着大家闺秀的血，知书达理慎独自律，即便在沙发上闲坐，也是挺直的坐姿一天都不会改变。

　　她和丈夫相敬如宾几十年，养育三个子女，对子女也保持必要的客气，她说："人活着就要有尊严，不论年轻还是老年，不论有钱还是没钱。"她不说"爱"字，却又因为这个字，坚强相守过锦衣玉食和境遇不堪，从不言弃也不言苦，皱纹和牵手里都透着平静安然。如今80岁的她依旧身轻体健，平日走路也健步如飞，她年轻时的美貌已经深入骨髓，举手投足都带着历久弥香。

　　丈夫去世后，每个子女都可以陪伴她老，但她还是坚持独居自理，因为拥有自己的生活情趣，她的日子看起来总是鲜活有趣。她说："老人家也要独立不能依赖。"那些从小养成的性情，读过的诗书，耳濡目染的品格，让她生活的点滴都绽放出非凡的华彩，就像黑暗里她为自己点燃的灯火，一生都无所畏惧。

　　自律，也是一种自珍，你用珍爱自己的力量塑造出的品德，像一件艺术品般散发出迷人的光芒，沉默无语也会被别人奉若珍宝。自律可以帮助我们活出社会价值和无可替代，梦想和事业才不会成为负累，而最终成为我们个人品质的保证。

{ 每个人都有别人 所羡慕的人生 }

朋友见面，相谈甚欢，却不想她忽然感慨出一句："看你多好，在家里画两笔画，写两篇文，周末同一群孩子玩耍。不像我们，每日为工作卖命。"我笑笑没有答话。

同样的话，小区里超市的店主也同我说过，那时候我还在上班，去买菜的时候，她也感慨："看你多好，按时上下班，旱涝保丰收，不像我们，没日没夜，没年没节。"我也同样笑笑没有答话。

我不喜欢同别人争辩这样的话题，因为每个人都看着其他人很好，包括我自己。

我的那个朋友，在我眼里，儿女双全、家庭和睦，夫妻工作也算稳定，生活对于她来说，虽不够富足却也温馨如意；而后一个小卖店的女主人，在我当时看来，能够自己做自己的主，就是最大的幸福。

其实，我们都错了！每一个人的生活，不过是冷暖自知罢了。

之前，小卖店的店主看我上班，便觉得一定是轻松的，哪里知道，我也是很多年没有好好休过节假日了，大量工作压得我要加班到凌晨之后，任务完不成也要扣发工资，生病休假便要扣除相应绩效。

现在，我的朋友看我闲在家里，觉得我不用风吹日晒就完成了她们顶风冒雪才可以完成的事情，可是她哪里知道，在她们与娃嬉戏时，我在学习；在她们会同"周公"时，我在学习；在她们享受一家人的其乐融融时，我还在学习……我的午饭经常要到下午三点才吃，我周末要滔滔不绝地讲上五六个小时……

可是，我却并不能责怪她们，因为她们两者眼中的"美好"，我全部经历过，我明白：每一个人，都有人前的风光和背后的辛酸，没有哪一项工作，可以完美到你不劳而获。

每个人的生活都是不一样的，就如这世上没有两片相同的树叶一样，自己的冷暖，只有自己知道，别人的冷暖，自己永远也体会不到。所以，一个人烦恼的，或许正是别人所羡慕的；一个人骄傲的，或许也正是其他人所不屑的。人与人的生活，根本没有可比性。

这世上，其实万事万物都是互补的，"能量守恒定律"在人生中也是存在的，生命没有多给任何人一分一毫，可是为什么却有那么多的人，要盯住别人头顶上的光环，却忽视了自己生活里的温暖呢？

每一个人，都是把自己最美的一面展现给别人，可是背后有多少无奈、辛酸和付出，却只有自己知道。当我们只看到自己的这些无奈、辛酸和付出时，难免自怨自艾起来，将自己贬进了尘埃，却把别人仰望成美丽的风景。

其实，与其抱怨，不如欣赏，欣赏他人，更欣赏自己，你会发觉：自己比想象中要好很多。过好自己的人生，你便是那最美的风景，一片云淡风轻中，光环万丈的前行。

{ 过好想要的生活很容易，难的是将不想要的生活也给过好了 }

我一个好友的父亲在老家开了一家工厂，做的是大理石的开采生意。开采本身属于危险系数比较高的工种，前几天她给我留言，说工地上一个工人出了事故，工伤的保险又过期了，于是父亲因为赔偿的事情生意受到了很大的影响。

好友告诉我说，本来做了三年的生意已经开始慢慢回本了，这一次出事，感觉一切倒退回三年，家里还得要下一个三年才，能慢慢把生意周转过来。

我本来想着安慰她一句家家有本难念的经，结果她先回复我说，不过换个角度想想，至少我们还活着。

我的这个好友，以前是一个极度负能量的悲观主义者。因为从小跟父母的关系不好，于是对待周围人的关心总是过于敏感，以前跟她一起上学的时候，班上所有的同学都不敢惹她，只要稍有不对劲她就会对身边的人发起攻击。

可是这些年下来，她居然也被生活磨成了一个圆润的姑娘，而且开始知道换一个角度去对待一件事情，要知道如果是以前遇上这样的事情的话，她早就跟我哭诉人生的艰难以及为什么她命运这么坎坷的话题了。

我不禁感叹，时间真是个伟大的东西。

我闺蜜的母亲前段时间生病了，因为老家的医疗设施不好，医治很久也没有见效，于是闺蜜就把母亲接到广州来医治了。

这几个月的时间里，她每天早上6点起来陪母亲去医院挂号问诊，排队拿药，安排好母亲打点滴的事宜，她就飞奔去赶公交到公司上班，晚上下班回家的时候她就回到出租屋里陪母亲聊天，缓解母亲的忧郁心情。

有一天她给我电话，说她这两年攒的钱全部都花掉了，还不够给她母亲治病，于是她又向自己的亲戚借了一万块钱，她告诉我她现在全身上下加起来就600块钱了，而且这个月的房租还没有交。

我很是担心她，可是她却慢慢地给我梳理着："一是等到交房租的日子，我的工资刚好发下来，这样就不会出现资金断层了；二是跟我关系很好的同事和客户之前都说约我吃饭，我一直说没有时间，现在我终于可以光明正大地去蹭饭了，这样想着这个月的饭钱又省了不少。"

闺蜜告诉我，"也就是说，我这个月还熬的过去，能尽量不跟你借钱就不跟你借。还有我现在就要开始帮我的两个弟弟攒学费了，九月份就要开学了，幸好这几年高中的学费一直没涨，我也算是感激的啦！"

跟这个闺蜜快有十年的情谊了，这些年里尤其是这两年的时间，我们探讨过很多关于自己梦想清单的事情，我们都属于那种做着很多白日梦的人。

她告诉我很多她的愿望清单，每一个开心的日子都会跟我描绘她所向往的那些个美好的期待，即使这一刻我们还"蜗居"在自己租来的小房子里，即使我们每天还挤公交、地铁奔波在上班的路上，即使我们总是周而复始地被家里的各种家长里短搞得鸡犬不宁。

可是正是因为这样，这些年下来我们都磨出了一个状态，就是上一秒刚刚哭诉完最近的不好经历，下一秒就会开始激励自己依然要热爱生活，于是依旧该玩乐该高兴，该好好工作都去一一经历。

这几天我把美剧《复仇》系列全部看完了，这部被誉为女版《基督山伯爵》的故事，女主角艾米丽因为小时候父亲被冤枉入狱，开始了长达十几年的报复生活，于是在这些格局里她也会被别人所报复，然后冤冤相报了无尽头。

看到剧终的时候，艾米丽身边几乎所有的朋友跟爱人都死掉了，最讽刺的事情是，她的父亲承受了二十年的牢狱之苦，被女儿艾米丽拯救出来之后得了淋巴癌，不久后也离开人世，也就是说他们父女俩团聚在一起的时光根本就没有多少。

虽然女主角最后醒悟，决定航海旅行开始新的人生，但是这个看似完美的结局并没有让我高兴半分，反而让我陷入了很沉重的思考。

我开始觉得生活就是一个无限循环的黑洞，我们不停地追求自己想要的结果，却很少考虑这个方向对不对，我们总是不停地奔波于解决一个个措手不及的难题中，但是很多时候却没有醒悟到，我们大部分的梦想是不可能实现的。

那么问题来了，当我们知道尽其一生也可能无法实现而梦想的时候，我们该怎么办呢？

我目前能够说服自己的答案：一是去接受这个事实的存在，即使它很残忍而又无奈；二是去尝试梳理我们人生事项的优先级排序，这样才能给自己一个清晰的脉络方向。

前者是一个心理跟哲学上的思考，也是一个死命题，但是后者却不是，后者是我们每一个人都可以用来执行的引导逻辑。

你有没有发现，在工作上我们总是会给自己梳理很多的方法论出来，比如各项工作的优先级排序，根据重要跟紧急的程度去划分四个象限，做项目管理的时候会用脑型图划分出各个部分的整体框架，我知道这些也都是很正向的思考方向。可是很多时候，我们都忘了要把我们的人生部分做一个优先级排序。

前段时间看到朋友们在讨论一个议题，就是大学生应不应该辍学去创业。在这个全民提倡互联网甚至是"互联网+"的时代里，加上也有不少成功的榜样做典范，于是一些大学生蠢蠢欲动，想着能今天造出一个APP，明天就去纳斯达克敲钟了。

后来我看到了一个很受用的答案，大概的意思就是，创业是一件成败掺半的事情，但是读书或者说在大学接受更多的教育永远不会是一件无用的事情。虽然会有人反驳中国的教育很垃圾，但是那并不代表就没有人不去努力了，有很多依旧在图书馆、自习室里正在吸收前人积累下来的知识有用思考。

总的来说，创业在人的生活中有很多机会，但是趁年轻用大把的时光集中去完善自己的学识体系，可能人生就这么一段时光了，这段时光也是一去不复返的了。

上周收到一个姑娘的邮件，她说自己的故事很平庸也很简单，就是一个软弱的女大学生的迷茫，可是我从头看下来这不是一个软弱女生的故事，而是一个杂乱无章把自己逼到生活尽头的故事。

这个姑娘是今年的大学毕业生，毕业求职季也是十分的艰难，一开始找到一个物业公司的稳定工作，但是后来放弃了，然后去了一家外企服装零售公司。她在来信里告诉我，"即使一开始听说这家公司非常非常累，我还是义无反顾地来了，一是觉得薪水更可观，二是晋升方面也更有潜力。"

但是这份工作每天11个小时的工作时间让她无法负荷，加上工作中的琐碎事情造成的挫败感，对比以前在大学时的顺风顺水很是受伤。

另外，这个姑娘得了一种奇怪的病，关节疼痛与日俱增。据说有一次站着工作10个小时后，她的右腿关节没法活动，于是直接在厕所摔倒了，而且最重要的是，她告诉我"我真的不喜欢我的工作内容，以及以后晋升后的工作状态。"

按道理自我分析到了这个程度，这个姑娘应该明白怎么做选择了，可是她一一把自己给圈进一个死局当中了：我发现签署劳动合同是很麻烦的一件事，我也不知道如果辞职了会不会要支付更高额的违约金，我更不敢辞职回家调养身体，一是我害怕待业青年这个痛苦的过程，二是回家里我不知道我能不能接受自己变得不优秀，要平庸并且在生存线上度过我的一生。

来信的末尾，姑娘问我，人生究竟什么才是最重要呢？身体？快乐？金钱？自尊？未来？地位？而且当这些都冲突了，全部搅在一起一团乱麻的时候又该怎么选择呢？

盯着这个很大的议题心里想了很久，我想要确保自己不要拿那些"你需要勇气做出抉择"的话语来给予答复，然后我突然想给这个女生泼一盆冷水：对不起，你想要的太多了。

我想说说我自己的故事。

大三那一年我参加体检的时候也得了一场病，于是我开始去拍片、验血、吃药，那段时光应该是我生命里最抑郁的日子了。我每天夜里失眠，不是害怕自己会死掉，而是害怕自己的将来一无是处，我害怕不能找到好的工作，不能遇见更多的朋友，我害怕自己不能组建家庭，我害怕自己不能旅行看看外面的世界。

那个时候的我感觉自己的未来就是一片黑暗，然后想到我这一辈子就这样了，这种恐惧感就像置身于深海里无法呼吸的那个自己，看身边的鱼儿欢快地游来游去，我却没有办法有一丝动弹，我大声地哭泣叫喊，却没有任何人听见我的声音。

嗯，也就是那个时候我患上了抑郁症。

这个故事没有激励人心的结局，我是自己把这个困局解开的。

那个时候的自己已经开始喜欢看美剧了，跟很多悬疑剧一样，《灵书妙探》里的女主角贝克特也是个多灾多难的人，生活里各种措手不及的事情都会向她袭来，她需要照顾很多人的遭遇，以至于她很是压抑慌张。后来男主角开导她的方法是：你不能奢望一下子就解决所有的难题，你应该先集中一个人的问题，解决好了再去解决另一个人的，否则如果所有的事项都堆积在一起，那你一件事情也完成不了。

于是那个时候开始我就试着梳理我当前的困局：开始调养自己的身体，不再去想未来的事情，然后定期去医院做检查配合治疗，同时保证这个学期的作业能够完成，期末考试能够过关，那段时间里我还说服宿管大叔给自己养了一条小狗，让自己保持欢快的心情。

我开始把健康放在那个时间段排序在第一位的事项，同时兼顾着不要把学习弄糟就好。

这种状况持续了一年，"大四"的时候我的病已经完全好了。那个时候我开始投入精力参加实习，完成论文，以及开始奔波找工作，一切跟其他的同学没有不同。

等到毕业那一天很多同学在聚餐伤别离的时候，我心里回想了一下，幸亏我这个最糟糕的状态发生在"大三"，否则如果是毕业季的话，我根本没有办法想象自己如何承受得过来。

经历过这件事情之后，我开始用这个逻辑去处理很多生活和工作中遇上的困难以及思维里的困境。

比如刚开始进入职场的时候，我告诉自己尽可能多地锻炼自己。这种锻炼并不仅仅是在具体的工作上要多干活少废话，这种锻炼在于我要说服自己不去羡慕那些比我有着更好薪水条件的同学，因为我目前做的这一份工作恰好还算是我比较喜欢的，从这一点上我的上班愉悦感要重要得多。

比如说我在深圳的关外郊区住了一年，每天六点起床转三趟地铁赶到公司上班，夜里回到家过了十点，但是因为工资不高不敢下馆子，于是吃了好几个月的快餐。我当时给自己的安慰就是，这也是我生活必须经历的一个阶段，只要我坚持下去就一定会有改观。

也就是说，从"大三"那一段的经历开始，对于同一件事情我不再拿负面的情绪去对待它，虽然很多人的说法是思维的改变，我开始用乐观的一面去面对事情。但是真正的想法是我自己在心里已经明白，正是因为我心里有梦，我要先把我不想过的生活过过一遍了，那样我才能走上一条追逐自己的路。

我在大理旅行的时候遇上的客栈老板，刚过四十的他已经算是事业有成且财务自由了，于是接下来他的人生规划就是云游四海。他说自己经历了很多大风大浪，是该静下来去享受纯粹的旅行——在路上的日子了，于是他也邀请我跟他一起去探寻所谓的更大的世界。

那天听到他的邀请我开玩笑说了一句，我还得先养活自己才行，客栈老板说养活自己并不难，行走在路上有很多方式的。最终我还是拒绝了，我说自己还有未完成的事情要去做，还有很多苦难还没经历，还没有资格看破红尘心无旁骛。

这几天我在梳理自己的梦想清单，发现好多以前看似很远的事项一点点都做到了，比如说独自旅行，看一次薰衣草庄园，夜晚山顶看星星，迎接海上日出，还有出一本书，跟陌生人来一场对话，又比如说30岁前把自己嫁出去，找到一个闺蜜伴我此生……夜里看到这些的时候我不会被自己感动，因为我知道我也曾经经历过那些我不想过的生活，而且现在还在经历着，所以这些也都是我应得的部分。

佛学里有个观点，说的是人生来就是受苦的，生老病死，爱恨别离，所有一切都是受苦，我不否认这个观点的存在。但是我觉得正是因为明白了这个逻辑之后，我们可以更加坦然地接受每一个阶段所要承受的不好，经历过很多我们以为自己无法承受的痛，然后才有可能有资本去追寻另外一层高境界的东西。

那些你不想过的生活，一直有人正在过着，那些你一直认为很难的遭遇，其实不过就是生活本身。你觉得自己不该遭遇这些，可是试想着又有多少人是含着"金钥匙"出生的呢？而且在他们那个看似辉煌光鲜的阶层里，难道就可以躲避掉更多的考验跟磨练吗？

于我们大部分人而言，生活虽不至于这么跌宕起伏经历传奇，但是没有经历过那些你不想要的生活，便不足以谈人生，因为根本就不存在这样的人生。

高晓松也说，生活不只有眼前的苟且，还有诗与远方，那么就让这些苟且一场一场地扑面而来，继而被打败，然后换一场属于我的诗和远方。

夜里我冥想的时候，我总会问自己为什么要作死想这么些无聊的问题，还要尝试着去寻找答案，然后我会在心里告诉自己：或许是这一生于我而言，不冒险才是最大的冒险，反之亦然，冒险才是最大的不冒险。

虽然很是绕口，但是我觉得一定有人读懂了，会是你么？

{ 你想淋雨，就不要
怪别人不给你伞 }

[1]

曾经我的朋友白素跟我讲过一个真实发生的故事：

她有一个好朋友叫陈冰，她们两个人是玩得特别"铁"的那种。有一次，公司来了一个新同事，年纪比陈冰小两岁，恰巧在陈冰手下做事。看着刚毕业的小姑娘一脸迷茫慌张失落的样子，陈冰于心不忍，帮小姑娘在偌大的上海找房子一个礼拜，还开脱她的苦闷。两个人非亲非故的，陈冰也算是尽心尽力了。

一天晚上，陈冰请小姑娘吃饭，把白素也带去了，想一起开导开导她。饭桌上，点了五菜一汤，小姑娘也不怎么吃。陈冰一直劝小姑娘多吃些，小姑娘就噘着嘴，耷拉着脸，想不开，拿个筷子在菜里瞎捣鼓。小姑娘一边敲着盘子，一边说她社会经历少，大学之前都是在父母的襁褓下长大的，所以遇到点事就想不开……一脸的矫情。

筷子敲击盘子的声音，特别响亮刺耳，周边桌子吃饭的人也纷纷侧目，还以为发生了什么。白素当时一下子憋满了火，想立刻走人，但碍于朋友面子，也只能安静坐下来。其实，白素的朋友陈冰也被这个小姑娘弄得有些不爽，但依然谦谦有礼。

事后，白素问陈冰她们是什么关系，为什么那么照顾她。陈冰说，小姑娘心地本质是很善良的，看小姑娘可怜，想到当年她自己，所以想能帮忙就帮忙。但是她也很无语，吃一肚子气，表示以后不愿多管闲事了。

[2]

白素很不理解为什么还会有这样的人，直到最近白素的一个初中同学来到上海找她。她才发现世界太小了，小到同一种人会遇到两次。

白素一个人在上海，租住在普陀区。她本科毕业才一年，薪水已经将近八千。虽然这个数字在上海并不高，但对于刚毕业的大学生来说，已经不错了。

一个周一下班挤地铁的晚上，她在QQ上收到了一条聊天消息。

"素素，我刚来到上海，能在你那里借宿一晚么？"发消息的是她已经好几年没联系的初中同学。

"当然可以啊！你在哪里？我去找你！"热心的白素，没料到自己也从此陷入了一个"噩梦"。

白素换乘地铁4号线去上海火车站，在火车站南广场找到了她。看着几年不见，憔悴得大变样的同学，她一边诧异地问同学最近怎么样，一边用手机大众点评找饭店。谁料到，白素这一问不打紧，她的初中同学的话匣子算是合不住了。

她说她得了抑郁症，在一所211院校毕业后也没有找工作，回了老家。前几个月，一直在家里不吃不喝，都是她家里人喂水到她嘴里的。家里供她读大学也不容易，后来她爸妈让她出来找工作，上班独立起来也能赚些钱。来到上海无依无靠，她联系二姨家的表哥在上海工作，也不怎么搭理她。翻了半天手机，她才想到有一个同学好像在QQ空间晒过在上海工作的照片。于是她根据照片找到了白素的QQ，就发了上面的一条消息。

她说她不会找工作，不知道能干什么！

她说自己觉得现在人的生活真累！

她说特喜欢依赖别人，不断重复自己一个人生存不下去之类的话。

抑郁症，白素并不了解，也不知道她这位读了大学后，就没怎么联系过得初中同学是怎么得了抑郁症的。在她的印象中，之前她这位同学并不是悲观的，而且蛮好强。虽然挺喜欢攀比的，但人并不坏，看起来也乐观健谈。

吃完晚饭回到住处，白素的同学一直在诉苦，都是负能量，还说要在上海找房子找工作。直到深夜一两点，第二天还要上班的白素，实在受不了了，就一个人闷头大睡了。第二天，白素早上五点多就起床了，六点半就出门上班了。

白素心想忍几天吧，反正自己的同学也没地方去，对上海也不熟悉，等同学找到的房子和工作什么都好说了。然而并不如愿，白素的同学找了几天房子说中介还要收中介费，好贵！由于没有工作经验，也找不到合适的公司。

就这样，眨眼时间，一周过去了，白素的同学还在她那里。白天睡觉，饿了自己泡面，晚上等白素下班回来就诉苦说饿了一天，好辛苦。一堆换下来的衣服扔在床边，浴室有全自动洗衣机也不去洗衣服。一向爱干净的白素，快要疯了！

[3]

现在白素对晚上回家感到深深的恐惧，她故意找借口晚些回去。

晚上，她约几个好朋友吃饭，我也在场。

饭桌上，她向我们大诉苦水。

白素说：“其实，我觉得她是一个挺善良的姑娘，可也不带这么折腾我的啊!"

我说："大家从某种程度上，是很理解你的初中同学的！但是呢，就像鲁迅先生笔下的祥林嫂。当一个人天天像祥林嫂一样，诉说自己的悲苦，展示自己的伤口，时间久了，别人的同情和怜悯就成了冷漠、厌恶和躲避。"

一个人的善良和遭遇不应该成为绑架别人生活的理由。你的世界下了一场雨，别人可以帮你撑下伞，但是你也想让帮你的人一直待在有雨的世界里，那就不要责怪别人喜欢阳光。

毕竟不是所有的人都愿意停留在阴冷潮湿的下雨天，灿烂的阳光才是万物的挚爱。

你虽然本性善良，却躲在雨里，让别人怎么喜欢你?

让努力成为你的生活常态

昨天在微信看到一个广告同行发朋友圈：深夜加班中，感觉自己要昏过去了。

刚准备点赞，刷新了一下界面，一条新的朋友圈更新，是我的同事，加班就加班，有什么可叨逼叨的，说得好像谁没加过一样。

我没验证同事的这句话是否是在针对同行的话，但是，加班发个朋友圈吐槽，也无可厚非吧。

第二天，我把这件事说给一朋友听，朋友诧异地说，不对啊，你这个同行昨晚在三里屯的酒吧，和一群人开"大趴"，我亲眼看到他了。

他拿起手机点开微信，发现这位同行昨晚的朋友圈他看不到。

原来是使用了分组功能，朋友感叹，哎哟，这就真的是尴尬了。

明明是在酒吧喝酒，发了朋友圈说在加班，而且还选择了分组，发给了某些特定的用户，我作为他的同行，就是他的指定用户。

我觉得有点匪夷所思，那就不怕被其他人揭穿吗？毕竟共同好友那么多，大家又抬头不见低头见。

朋友啧啧了几声，一个人想要做件事，什么样的借口找不出来？去个酒吧也可以说是加班后的放松呗。

我想了想说，我总觉得哪儿怪怪的。

朋友说，怪就怪在，他让你们觉得他很努力。

我们所遇到的努力大多是这个样子的。

比如我曾经看到过一个学弟的微博，上面抱怨老师交代好的作业没有做完，熬夜学习实在很辛苦，抱怨时间不够用。可翻翻之前的微博，都是在逛街、吃饭、唱"K"。

过了几天再去看他，又更新了说作业没有合格，埋怨老师怎么这么不通人情。明明是自己加班加点写好的功课，却得不到认同。

一开始我也也替他不平，觉得老师苛刻，可联系上下文就会觉得学弟估计也是重度拖延症患者，最后的完成的作业不尽如人意。

我看到有人他微博下评论，你要多用点心才可以啊，别总是出去玩儿。

学弟理直气壮地说，我没有不用心啊，我这是学习娱乐两不误。

还有一种情况是这样子，我大学的时候有一位女同学，每天看起来特别刻苦，上课时坐在前三排，选修课一节不落，晚自习不是在教室就是在图书馆，大家说，这么努力的姑娘，运气一定不会太差。

可是，每次考试她的成绩都是中下等，有时甚至会排在倒数，可是这么努力的人，为什么总是没有好的回报呢？

后来我才知道，她做的事情，都是一些无用功，有的题不会做，就跳过不去做，有的问题一知半解，也就不再搞清楚，光是用了时间花费在那些已经明白的事情上，却对疑惑不懂得解答。

空有一副努力的姿态，却把努力当作最后的救命稻草，或者用在其他的地方。

我们都在谈，你只是看起来很努力，假惺惺地觉得自己的付出没有回报，没有想过你的付出是否足够，或者没有努力到了点上。

上面的两种情况很常见，但还有一种才是我说的关键，问一个问题，努力这回事，能装么？

答案显而易见——能。

在各种运动APP开始兴起的时候，几乎公司的所有人都加入其中，既能强身健体，又可以和志同好友的朋友一起参与，靠着每天的跑步公里数进行排名，相互激励。

当抢占APP的封面和排名愈演愈烈的时候，同事W快速地下载了APP加入了进来，从那以后，他几乎每天都是占据第一名的位置。

看着他在朋友圈里不断晒着自己汗流浃背的样子，看着他在APP里每天保持着第一的名次，大家都是止不住的羡慕。

W真的是太牛了，每天跑20公里。你看W今天又是这么拼，我简直败了。太厉害了，这货简直不是人啊。太努力了，简直努力到可怕……

我也被他每天的朋友圈刷屏，说自己今天跑了多少公里，晒自己最近看了多少本书，分享自己又参与了多少活动看了多少展览。

我一边感叹他精力的旺盛一边觉得自愧不如，就连周一的例会上，领导都点名表扬说W最近工作生活都十分努力，值得全公司同事学习。

之后再某次聚餐中，我偷偷问W，你怎么能这么厉害，每天能做这么多的事情，尤其是跑步，到底是怎么做到每天20公里的？

他先是哈哈大笑了几声，然后掏出手机点开APP给我演示，原来他的APP是所谓的共享版，只要稍微晃动手机，里程数就会相应往上加。他得意洋洋地说这是他一个哥们儿做的，在圈子里特别走俏。

我惊讶地问，那你每天不是真实地跑步吗？他乐了，跑啊，只是跑不了那么多。

我又问，那争这个第一有什么用？他看我一眼，你傻啊，可以钓妹子。

他环顾一眼旁边的同事，悄悄地说，而且你看大家多佩服我。临了他还不停地嘱咐我，你千万别给我说出去哦，我是把你当朋友才告诉你的。

后来，当运动APP经过几次升级后，他就不再跑步了，说自己有了新的健身目标，不再掺和这种群体活动。

我默默地想，估计是APP没办法再作假了吧。

我觉得，拼命给自己打上努力标签的人，实际上是一个行动力的懒人，是虚荣心在作祟。

比如跑步，你真实跑了多少就是多少，拿着晃动手机带来的成绩，只能哄得了别人；比如看书，你真正看了几本就是几本，分享出去的也只能获得一个点赞；比如工作，你怎样完成的就是怎样，再怎么说用功都会体现在结果上。

这就意味着，你所有装出来的努力，最终都只骗得了别人，骗不了自己。

最后的结果都会告诉你，假的就是假的，假的永远真不了。

但是，为什么知道这样，很多人都愿意说自己努力，甚至装努力呢？

虚荣心和功利心这种原因都是小事，一旦你把这种每天努力的状态提供给别人，别人就会为你的努力买单，以为你离着成功不远，而如果你最后没有预期的效果，就会抱怨和吐槽，这时别人就会说，没关系，你已经做到很好了。

更严重的是，当你装努力到一定程度后，你就会以为自己真的做到很好了，已经够完美，没有得到想要的都是别人的错，都是社会的责任，是不公平的待遇降临在自己的身上。

有人总问，"我这么好，为什么还不成功？"

我却想问，在你质疑世界为什么不让你成功的时候，扪心自问是否曾经欺骗了众人。

上帝的眼睛是雪亮的，它不会被你的努力蒙蔽，给你一个平白无故的成功。

哪怕暂时有了机会，但那也是你现在能力所达不到的，又何谈未来的所得呢？

那真正的努力是什么？

这里面有一个原则问题，就是看它是否是持续性和有绝对唯一目的性。

持续性是努力的一种发展状态，并不是在你的某段时日里像个"失心疯"一样玩命努力，而是你在任何时候，都有一种想要争取的决心和愿意付出的行动力。

目的性是你能够明确了解自己想要达到的目标，并且制定出了切实可行的计划，严格按照计划执行，不做无用功，不走回头路。

这里有一个关键点，是在于目标的现实性，如果你说我努力只是为了变成更好的自己，想必努力也会半途而废，因为我们终其一生都是为了这个看似虚无的目标，但如果你说我努力是为了能够让眼下的工作顺利完成，那么你的努力会更加的脚踏实地。

不说空话，不做虚事，有目标，有责任，有持续性，才是真正的努力。

曾经看过这样一句话：努力是你真的用尽全力去做一件事，而不是看起来用尽全力去做一件事。

现在我觉得应该补上一句，努力是你真的去为一件事付出，而不是假装付出只为博得别人的眼球。

更为重要的是，千万别总说自己努力，当你把努力形成了自己日常的行为准则后，就会把努力变成你的习惯。

那时，你就不觉得自己是在努力，只是你的生活常态。

所以，别再说自己努力了，那说不定只是你暂时的鸡血，甚至是假惺惺地伪装和自我安慰。

别让虚荣
拉低了你的生活

[1]

圆子和我借钱，一开口就问我有没有三千块钱，说是急用。

我立刻紧张地问她，"是不是身体不舒服，还是家里出事了？"

作为一名实习生，工资虽然不高，但江湖救急的话，不够也得为她张罗。

她反而轻松地回答，"没事啊，能有什么事，我就是想买最新出的那款手机。"

"你不是去年刚买了胖6？"

"去年是去年，今年这款虽丑，但总得跟上潮流不！"

"可是你现在没钱啊，干嘛还买？"

"就是没钱才和你借啊。我身边好几个人都买了，天天和我炫，我也要买个气气她们。"隔着电话都能感受到她的义愤填膺。

"圆子，这钱我不能借给你了。"

"你怎么这么小气，这么点钱都不借！"

"这不是小气的问题，是我觉得你完全没必要把钱花在这没用的地方上。你根本不需要新手机，何必借钱买。"

"别人有，我凭什么不能有！"说完，她就直接把电话给挂了。

对，别人有的，你是可以有。但你想和别人拥有的一样，至少你也要有这份"有"的资本啊。

你眼睛里只看到别人"有"的结果，怎么不多看看他们"有"的过程。别人还有斗志和努力，你有的又是些什么？

[2]

高中同学小X一直都是个别人有的，自己也一定要有的性格。

她高中毕业就去了一线城市工作，和认识的朋友两个人住在三居室中的一间，一开始领着微薄的实习工资，省吃俭用。随着工作年限的增长，工资也增加了不少，但是她的生活质量却丝毫没有得到提高。

工作两年半，却还是无法给自己买一件好一点的衣服。这点令我很疑惑，也很直白地问了她。

她每天午饭为了能够和单位的同事达到同步水平，每顿都要七八十，再加上下午茶餐点，平均下来，每个月的工资一分不剩，别说买质量好的衣服，就连买身新衣服都是个问题。

"你干嘛吃那么贵的饭，我看别人20块钱的饭也挺好的啊。你怎么不把钱拿去买点好看的衣服穿？"

"同事她们中午都去那里吃，我不想让她们瞧不起，所以就跟着一起，至少还能多个话题什么的。"

"那她们知道你的实际情况吗？"

"不知道。我也不能让她们知道。"

"那她们的条件如何？"

"本地人，家庭条件特别好，所以我不能比她们差。"说完还不忘叹口气，"出身好就是不一样，做什么都容易，不像我，只能节衣缩食。"

后来我再也没有联系过她，因为我无法苟同她的想法，又很难去改变她。

她羡慕人家好的出身，觉得自己没有钱就是低人一等，即便是晚上饿着肚子，也一定要在她们看得到的地方上与她们平齐。

别拿家庭做比较，家庭的贫富不过是给你的台阶。富，一步登天。穷，台阶尚有。

不尝试着改变自己，一步步往上走，却怪罪出身不好？

[3]

每个人身边都有这样那样的人，他们总想着不费吹灰之力就拥有傲人成绩。努力都是默默而无声，没有人天天喊着努力的口号，你看到的成功背后，自然有着不懈的奋斗。

我是个特别喜欢旅行的人，立志每学期必须去一个陌生的城市走一遍。

从"大一"下学期开始，跟着身边的同学开始去其他城市，吃吃吃、买买买，别人做的我也在做，拿着父母的生活费不够就要。再不行就和多年老友借钱，每次都变着花样和理由拿钱。

父母一直纵容，以至于我一直不知道自己的行为是错误的。只是偶尔问得一句"为什么花销这么大"的时候，我竟然一时间无以回答。

无意间知道一直借我钱的好友每逢周末都在外边兼职、零活，他并不缺钱，甚至可以说是"小康"。我问他，"大学不是说好的轻松安逸嘛？你这么辛苦干嘛？"

他说，"我有要做的事情，所以必须不断努力。我不管我身边的人在做什么，但至少我不能允许自己随波逐流。"

当我还没有足够的能力去享受安逸的生活，不去努力将梦想兑换为现实，却把心思都用来攀比他人的生活！？

也许我是幸运的，意识到这些的时候并不晚。我开始认真学习拿奖学金，好好写稿拿稿费，偶得兼职赚外快。

至今我去过了很多想去的城市，但我已经不再轻易地从父母那里索取来满足自己无用的虚荣心。

[4]

生活中，不会有人因你一无所有而瞧不起你，但一定会有人因你强装富有而蔑视你。

思想空荡，即便身上披金戴玉也仍旧只是副华丽的躯壳，灵魂仍旧一无是处。该武装起来的不是虚假的外表，而是一颗强大的内心。

别在什么都没有的年纪，要求和别人一样，起点不同，但奋斗的道路都是相同的。别人开车漫游，你可以跑步加速。正因为什么都没有，所以才更应该去努力拥有。

圆子把我的QQ号和微信都拉黑了，我不知道她有没有从别人那里借到钱，买那台她根本一点都不需要的手机。但我是真的不会把钱借给圆子，我今天可以把钱借她，那么明天呢？她又要向谁借钱买着不断更新换代的新产品。

再好好看看自己，已经拥有了可以匹配的一切，又何必事事为难自己，讨好那不必要的虚荣。

不妨与日常琐碎
谈点情说点爱

[1]

一个朋友说，感觉日子越过越没劲，对什么都提不起兴趣。工作无趣，日复一日尽是重复；吃饭无趣，一天三顿味同嚼蜡；周末无趣，看书或娱乐都没精神；他甚至没办法完整地看完一部电影，听完一首歌……

我不得其解，问他为什么。

他满脸无奈地回答，因为觉得没意思啊。他问我，是不是应该来一场说走就走的旅行，激活一下人生。

据我所知，他最近的一次旅行是在二十天以前。他旅行回来之后，倒头睡了一天。睡醒之后，他跟大家说，旅行实在是太无聊了。上车睡觉，下车拍照，一车人死气沉沉。

其实，身边觉得日子过得没意思的，大有人在。看着一张张写着"生无可恋"的脸，我们不得不在心底感叹，能把日子过得有趣，确实不是一件容易的事情。那些能在凡常光景里把日子过得妙趣横生的人，都是天赋异禀的高手。

几年前，在北京，我曾偶遇过这样一个懂生活的高手。他不过是一个二十岁出头的大男孩，利用暑期到北京打工。当时他打工的餐馆离天安门不远。餐馆不大，他既负责点菜，也负责上菜，忙得不亦乐乎。

我看到他时，他正在跟一个法国人连说带比划地"聊天"。大约是那个法国人在跟他咨询一道菜，而他完全不懂法语，英文也不是特别好。但是，他"手舞足蹈"推荐的菜居然很合法国人的口味。

法国人离开时，他热情地送到门口，顺带着连说带比划地给人家指了路，推荐了景点。我忍不住笑话他，难道不怕给人家指错了路，丢了中国人的脸。

他夸张地大笑，拉长了腔调说："怎么会？我外语说得这么好，表演得这么形象，交际能力这么强，怎么会丢国人的脸。"他说他在这里遇见过很多不同国家的人，早已练就了和各国人打交道的本事。

我问他："你每天都过得这么妙趣横生吗？"当时，他在那家餐馆打工已一月有余，我猜想这么枯燥的工作应该早已让人心生厌烦。

他挠挠头，说："妙不妙，我就不知道了，反正每天都很有趣。"

每周的休息日，他就拿着地图在北京各处转悠，跟旅游一般惬意。他说着说着，眼睛就笑成了一条线。

他故意用一口老北京的腔调，发音准确无比。这是他跟餐馆周边的北京大妈大爷们学来的。他说，餐馆附近住着一对老夫妇，很有趣的一对老人家。那对老夫妇都喜欢他。大妈喜欢找他聊天，大爷喜欢教他看图纸，偶尔来兴致了还约他一起观园。一个月的时间，他已经成了北京通了。他短短几句话，就让我对那对老人家生起了无尽的兴趣。

似乎，在他眼里，满世界都是好玩得不得了的事情。仅仅是简单一番交谈，你就能轻易地感觉到，他活得特别带劲，生机勃勃的。这大概就是人们所说的：对于那些内心充溢快乐的人们而言，所有的过程都是美妙的。

[2]

人生的确需要时时激活，却并不有赖于惊天动地的大事件。生活真正的趣味都融于日常小事中。那些波澜壮阔的大事件，顶多只能起到一针强心剂的作用。短暂的疗效之后，一切又将归于平常。所以，真正有趣的人生一定是生根发芽于寻常光景。

很多卓越的人拥有着不平凡的一生，但有趣的生活依然源于日常琐事。杨绛先生的《我们仨》一书，更能让人体味到这一点。

记得读这本书之前，我猜测，里面记录的大抵应该是波澜壮阔的一生，就好似普通人心心念念的"诗和远方"。然而，让我笑中带泪、泪水涌出之后又很快笑出声的，真的只是一些温馨的"鸡毛蒜皮"。这些日常里面包含着说不尽的世间乐趣，让人回味不断，绵长悠久。

杨绛先生记录一家三口爱去动物园，把各种动物的习性和秉性写得惟妙惟肖。比如大象，她写到：更聪明的是聪明不外露的大象……母象会用鼻子把拴住前脚的铁圈脱下，然后把长鼻子靠在围栏上，满脸得意地笑。饲养员发现它脱下铁圈，就再给套上。它并不反抗，但一会儿又脱下了，好像故意在逗那饲养员呢。

一家人一起去吃馆子，钱先生近视眼，但"耳聪"，阿瑗耳聪目明，他们总能发现其他桌的客人正在上演着怎样的故事。所以，他们一家吃馆子是连着看戏的。吃完之后，有的戏已下场，有的戏正酣，有的戏刚开场。就连他们一起去熟悉的公园散步，也是充满乐趣的"探险"。

即使是在造化弄人的特殊时刻，杨绛先生的笔下依然充满着日常的生动有趣。每一个情节都是那么饱满，有光芒。

掩卷之际，我也明白了，这种来自日常的有趣，才是真正而持久的有趣，深入骨髓。

[3]

觉得生活无趣的时候，不要总想着到了佛罗里达的棕榈海滩生活从此就变得有趣，不要总以为到了非洲好望角日子就会给你打开一个豁然开朗的突破口。内心若了然无趣，哪里都漆黑一片。很多在路上的人，不是因为在路上才变得有趣，而是出发前就深谙生活的乐趣。

我们应该审视下自己，审视下身边的人来人往，试着换个角度重新对待自己的生活。见了面从来不打招呼的那个邻居，你试着给她一个微笑；公司周边新开的那家餐馆，你约三五同事一起品尝。

哪一样都寻常，哪一样都有趣且耐人寻味，抵得过"诗和远方"的乐趣，也拼得过昙花一现的美丽。真正有趣的生活，从来不需要用"诗和远方"来堆砌。它囿于厨房，却容得下山川湖海的纵横生趣。

生活中的大波澜永远只能是点睛之笔，是锦上添花，不能当作救命稻草。要想拥有一个有趣的人生，我们必须学会与日常琐碎谈情说爱，让水泥地里长出嫩芽开出鲜花。

所有的得到都不是一蹴而就的

很多人决定做一件事情的时候，总是希望一下子立竿见影，立刻就能产生实实在在的好处，一旦稍有不顺或者短时间内还看不到回报，就立刻放弃。其实，要做成一件比较难的事或要想实现一个比较大的梦想，有时候不是一蹴而就的，它需要长时间的实践和探索，这一实践和探索可能是十年八年，可能是更长时间。

[随时随地选择开始，会遇到更多不可能]

今年年初我开始集中大量写文章的时候，没有想过我的文章会有那么多人关注甚至是给予好评。那时候，我觉得有人关注我都有点不好意思，因为我不是知名作者，只不过是一名初出茅庐的文字爱好者；我也不是名人明星，可以有那么多成长励志的经历分享给大家。但是，我选择了开始，而且一直坚持到现在，从未间断，后来我发现，随着我发稿量的不断增加，随着我文章获奖次数的不断增多，随着越来越多公众号、网站的推送和转载，我的生活发生了很大的改变，我的心态也发生了很大的改变。这种改变，是一种正向的自我转变，是一种被认可的自我认同，更是一种微笑走向未来的坚定信念。

关注我文章的读者可能都知道，我曾经是一个非常内向自卑且胆小懦弱的小女生。外公到我家里做客，我都躲在床底让父母四处寻找；老师到我家里家访，我一直逃到邻居家一天不敢回来。为了走出这种阴霾，我开始了长达十年的自我修炼。一方面是不断的阅读交际口才类书籍，学习别人如何说话做事；另外一方面是不断地总结自己所学到的知识，做好学习记录。这些事情我一做就是十余年，而且从未间断。当时我没想过我做这些事会给我带来什么，我只不过是想让自己告别自卑和内向，敢于和陌生人说上话。可我没想过有一天，这些我曾经开始做，而且一直坚持做的事情给我带来了丰厚的回报。首先是在不断学习甚至可以说是模仿后，我的说话能力有了很大的提升，我开始敢于和不同性格的人交往。其次是我开始敢于在大众面前表达自己的观点，即使站在几百上千人面前发表演讲，我也毫不怯场，甚至还得了不少奖项。而毕业至今，我几乎每参加一次面试，都是轻松拿下的，我根本不知道有些人为了参加一场公务员面试，居然要化上万元去参加培训。更重要的是在我最缺钱的时候，我靠写演讲稿养活了我的全家人，这是我万万没想到过的，也是我至今回头，依然感谢每一次开始的原因。

[别带着功利心出发，否则会很容易失望]

很多人总喜欢对别人说，你做这个事情或者那个事情有什么用，又不能当饭吃或者产生经济效益。刚开始好像我觉得这些人的说法还是有点道理的，但是后来我转念一想，觉得不对，毕竟你只是看到开始，但是谁知道十年后甚至是二十年后呢。有时候，不要看到别人开始做一件事情就急于下定论，也不要急于去否定。要知道量的积累会发生质的改变，一个人专研某一方面事情长达十年甚至是二十年，我相信他不是专家也是行家。而成为专家或者行家的结果是什么，相信这个是不言而喻的。我刚刚开始写稿的时候，没想过有一天会有稿费收入，也没有想过我的某篇文章几个小时点击率达到好几万，更没有想过我的文字会被多个公众号转载，我有一天也可以拿全市征文比赛一等奖等等。如果我起初开始写稿的时候，总是想着它应该给我带来多少回报，能够有多少人愿意看，我应该坚持不到现在，也应该不会在取得小小成绩的时候感到那么幸福和快乐。因为不管做什么，起初的日子总是孤独的，总是要经历一段时间无人问津的。就像当初写文章的时候，经常会叫熟人阅读我的文章，有些人直接就说没时间看，而有些人看了觉得我写得不错，会怀疑是不是出自我之手。后来，当文章被更多人知道的时候，又有人觉得那一定不是我的水平。这就是很多时候我们做任何一件事情的开始，这个时候，如果带着很功利的心去做，就特别急于求成，特别迫切想拿出成绩证明给别人看，而一旦一段时间没有成效就很容易产生挫败心理，这种心理很容易让自己推翻自己当初的正确决定，进而轻易就放弃了自己所做的事情。

我有个朋友两年前开始炒股，一门心思想通过炒股赚大钱，想着有一天自己不用上班就可以不费吹灰之力拥有富足的物质生活。刚刚开始的时候赚了点小钱，就异想天开，觉得赚钱没那么难，于是投入越来越多，谁知道后来股票行情不好，做了几个月后，非但没有赚到什么钱，还把自己的本钱差不多亏空了，很快坚持不下去就放弃了。有一次遇到他，问他为什么不做了，他垂头丧气，说自己以后再也不玩股票了，再也不会做一夜暴富的梦了。我看到他哭笑不得，当年一个信誓旦旦一定要靠股票赚大钱的人，没过多久就像一只刚刚从格斗场败退下来的公鸡，失意落魄，魂不守舍。

其实这样的例子非常多，所谓希望越大失望越大。有些事情不是你想做多大就可以做成多大，有些梦想不是你说什么时候可以达成就可以如愿以偿的。带着功利心出发，往往很容易失望。

[给自己多一点时间，别对梦想轻言放弃]

马云1995年开始投资创业，2016年5月他获得了2016年"新财富500富人榜"第三位。很多人看到马云今天的成绩，一定羡慕不已，也一定觉得他就是个神话。没错，马云在我们每个人眼里他就是神话。可是，你有没有发现马云获得今天的成绩，不是一天两天的事情，仔细数数，他用了整整21年时间。也就是说如果中国人的人均寿命达到80岁的话，他用了整个生命的四分之一在坚持做他的电子商务帝国梦。如此看来，连一个被国人称为是神话般的人物，被外媒称为是像巴菲特一样充满智慧的人，都要用那么漫长的岁月来构筑自己的一个伟大梦想，作为凡人的我们，是否更应该给自己多一点时间呢？

前几天我和一个同样是文字爱好者的网友聊天，他告诉我他开通博客写文章已经两年了，至今为止文章阅读量每篇几十到几百不等，很少有上千的。他问我为什么那么短时间会有这样的访问量，问我为什么文章能够多次被推荐。我当时愣了一下，因为没想过这个问题，我觉得自己也仅仅只是个开始，成绩微不足道。后来我就说可能是我比较幸运吧，其实我是想安慰他，不要轻言放弃。你知道为什么我不会说如果不想写就不写了之类的话吗，因为我觉得一个人，如果连他自己那么喜欢，而且能够坚持做那么久的事情都没有那么容易出成效，换作其他事情，结果又容易到哪里去呢。

有时候，给自己多一点时间，才会等到奇迹。前些日子我听过一场国内金牌制作人、唯众传媒创始人杨晖女士的演讲，她演讲的题目叫"你想要的，岁月都会给你"。她说很多人看到她创办了《波士堂》《开讲啦》《中国青年说》等五十余档知名节目，得过七十余项国家级、省级大奖，都认为她天生就是为电视而生的，都以为是天赋。实际上，她从湖南卫视一个临时工到正式工，花了三年时间，而从一个正式工到一个节目编导，花了十三年时间，到如今成为国内金牌制作人，她用了二十二年的时间。杨晖女士在演讲最后，说了这样一句话：你想要的，岁月都会给你，但前提是你必须扎扎实实地走好每一步，做出所有可能给你实现梦想机会的所有努力。杨晖女士的这句话，想必对每一个人的成长，都是很好的启迪。

我想，我们现在所做的每一件事情，也许是被人瞧不起的，也许还看不到成效的，但是，不管怎样，最好别轻言放弃，因为我们选择开始，只不过是为了让自己十年后有所不同，而并非一定是现在。所以，请给自己多一点时间，让自己能够更加竭尽全力去实现梦想。

{ 你想要的和你不想要的，都是你自己带来的 }

[1]

"你想要的和你不想要的，都是你自己带来的。"这是我跟一个师哥抱怨我最近对生活不满的时候，师哥对我说的一句话。

这句话给了我当头棒喝，犹如醍醐灌顶，我知道很多人像我一样被戳到了痛点。这句原话并非出自师哥，但是师哥的经历却能从另一个角度很好地诠释了这句话。

师哥在高中的时候成绩便是一般，虽是学得很努力，也许因为学习方法不对或是天资不足够聪颖，高考的时候考的分数最多只能上个职业技术学院。师哥没有气馁，决定再复读一年。第二年高考，成绩略有提高，没有过本科线，但是足可以上"专一"了，师哥报了专科志愿。

不管是专科还是本科，相当一部分人的大学就是为了最后拿下这个学历。而师哥一上大学，便规划好了自己的目标，要上"3+2"的专接本。师哥从"大一"就努力学习，到"大三"接本考试的时候，运气依然没有光顾他，他没有考上。

[2]

专科毕业后，师哥在大学附近租了个摊位做起了数码的小生意，也算是和自己所学专业相关。师哥的生意一直平平，虽足够维持日常生活开销，但并不会剩很多。在自己做生意的时候，师哥闲暇时间依然在看书学习，有空就泡在大学的图书馆里。

两年后，师哥以同等学力考取了全日制的研究生。读研期间，师哥对学习对专业研究也没有丝毫松懈。研究生毕业，师哥便拿到了全球"500强"的录取通知书（offer）。

虽然学历不一定能代表能力，不得不承认它是一块敲门砖。尤其在高精尖行业里，没有高学历，没有超人的一技之长，你连敲门的资格都没有。师哥便是用这个敲开了一扇大门。

工作没多久后，师哥又得到了陪同公司高层领导前去斯坦福大学进修学习的机会。未来的生活还不知道会怎样，但现在的生活至少是师哥想要的。

[3]

师哥在说他的故事的时候，轻描淡写。其实每一次学习，每一次付出，每一次更进一步，那都是极大的信念和努力在支撑，你看到的所谓好运气背后都是数不尽的拼搏和努力在铺垫。

师哥还问我：你仔细想过没，现在你讨厌的生活是不是更多的是因为你自己的懒散、不思进取造成的？

我们几乎都曾说过"这不是我想要的生活"，可我们是否有从自身去找过原因？

你讨厌现在这么胖的你，你午饭吃撑，晚饭去撸串，完了回来吃着炸鸡喝着啤酒窝在被窝里看韩剧，然后满意地睡去。第二天，你看着镜子里的你叽叽歪歪地喊道："我不想要这么胖。"

你羡慕朝九晚五、按时双休的公务员生活，你做了没几道题就拿起手机刷起了微博，考试不过，只得继续这份加班到深夜、连周末都要奉献的工作。你发着微博吐槽，现在的工作不是你想要的。

你抱怨遇到的女孩儿都不喜欢你，你光着膀子站在路边，胡子拉碴地抽着烟看着过往的女孩儿，却从不知道提升自己。女孩儿跟你讲王尔德和王嘉尔你都不知道，女孩儿说"Bigbang"和"BigBang"你都不明白。女孩儿说南海局势了，你说去吃肯德基的都是不爱国的。女孩儿回去把你拉黑了，你点上一根烟骂道："这感情真没法说。"

［4］

其实，一次次创业失败都有你对市场分析不透的致命错误，一次次工作碰壁都有你对自身定位不准，一次次投资惨败都有你太过急功近利的心思，一次次恋爱受伤都有你情商欠缺的因素，一次次考试不佳都有你对学习的努力不足。

每一种你现在不想要的生活，都是你自找的。

但是我们常常把这一切归于命运、星座、运气和社会环境，却闭口不谈自己的怯懦、颓废、无知和懈怠。比起来，你似乎更愿意相信社会不公，机会不等，命运多舛。

我们人生的起点不一样，你也许会抱怨凭什么有人生来就是"富二代"、"官二代"并且过着你想要的生活。我特别想用我姐曾经说过的一句话来回答："那是人家祖辈、父辈凭本事凭能力或者凭手段凭关系也好，总之给挣下来了，那是人家该得。有这抱怨的精力不如去把心思花在怎么让你的孩子变成'富二代'上面去。"

虽然阶级固化仍然存在且难以改变，但是努力至少有可能会改变，不努力就一点可能都没有。

人生的很多不顺遂不如意，不是你运气不好，不是你机会不够，不是社会残酷，而是你自己放弃了去努力，你想要的生活才会变得离你越来越远。

[5]

想想自己，多久没有认真读过书了？多久没有提升过专业技能了？多久没有锻炼了？是不是想要创业从来停留在口头？是不是想改变却一直只是在观望？是不是还是禁不住各种诱惑？

这样的你，又凭什么过自己想要的生活？

当然你想要的生活一定要现实且合理，钱多活轻、多吃不胖、一夜暴富的事儿，真没有几个，想想就行了。

认真思考你想过什么样的生活，你去为之努力了吗？现在的生活不是你想要的，那就改变啊。

想去尝遍那些舌尖上的美食吗？想去西藏看那里的人多虔诚吗？想按点上下班回家给家人做丰盛的晚餐吗？想周末带孩子近郊游吗？想有一段甜蜜的感情吗？那就去努力去提升啊。没有背景，不能拼爹，就拼自己。

我知道懒人模式很舒服，可那只会换来你对生活的抱怨。永远不要嘴上抱怨着，却什么实际行动都没有。有些事情你不做不去努力，你想要的生活就永远得不到。

懒惰，改掉。害怕，坚持。困难，克服。贪吃，戒掉。不会，去学。想要，去做。

希望你回头看的时候，地上落下的不是懊悔的眼泪，而是一步一个坚实的脚印。那些你想要的生活，都是因你而来。你不想要的生活，也都因你而去。

{ 你都不去努力，凭什么拥有和别人一样的生活 }

[1]

前两天跟一位读者朋友聊天，很有意思。

他是一名本科生，今年大三，明年毕业。一上来就对我说：我想找份好工作，我想有个远大的前程，我想过特别成功的一生。

我一听，志向远大啊，值得鼓励。

没想到他话锋一转："可我不知道自己该做什么工作好。"

我说："既然还没有明确方向，那可以先去实习一阶段，在实践中摸索自己想要的东西。"

他叹了口气："唉，实习没用啊，听出去实习的同学们说，工资低得可怜，每天加班到深夜，累得像狗一样，还不一定能转正。"

我一看这条路他不稀罕，就又没长心地给了条建议："不喜欢实习的话，那就准备下考研也行，多沉淀一下，给自己充充电。"

他再次表示嫌弃："读研更白费，天天学还不一定能考上理想院校，即便考上了也会错过很多就业机会。"

我有点懵了，听这话风，他还是想先工作的吧，就又顺着他说："也是哦，那就先就业，再择业，找份工作先干着，积累两年经验，再进入更大的平台拼搏吧。"

没等我说完他就听不下去了："不行，不行，地方太小根本没发展，等两年过去，在大城市的同学说不定早飞黄腾达了，我估计还是混不出来。"

我实在没什么路子可以推荐了，就随口说了一句："那就只剩考个公务员，要个铁饭碗了……"

他没有回复我，我知道这个答案一定无法令他满意，因为他最初想要的根本不是这种早九晚五，一眼就能望到底的生活。

一天后，他又找到我。

"我想通了。"

我松了口气，心想他终于不再眼高手低，这回可以踏实奋斗了吧。

没成想他开口就说："你的建议太对了！我要考公务员！"

"What？！"我没听错吧！说好的远大前程呢？说好的世俗成功呢？

他这回貌似是有备而来，长篇大论道："唉，一切名利都是浮云，有什么意思呢？与其把自己搞得那么累，还不如过个踏踏实实的小日子，归隐田园，轻松自在，每天柴米油盐，享受平淡中的幸福。人这辈子，最大的成功，就是用自己喜欢的方式过一生……"

我心说他这两天看来没少背网络段子，而且还蛮用心，潇洒地完成了自我洗脑。

还能说什么呢，千金难买我乐意，那就祝他开心吧："嗯，只要这真的是你想要的就好。"

今天早上，我又收到了这位读者朋友的来信：我又不想考公务员了……

我彻底无语。

这世上最大的悲剧，就是你过着陶渊明的生活，却怀着一颗奥巴马的心，有些不甘却又不愿努力，为了宽恕自己，只好自欺欺人地说：这就是我想要的东西。

我发现一个现象：我们很多人，并不是喜欢什么才去做什么，而是先看看自己正在做什么，然后告诉自己说，我就是喜欢这个。

张三是我的一个朋友，他这辈子换的工作比他换的女朋友都多。

比这事更神奇的是，貌似无论哪种工作，只要是他在做，就特牛，特神圣，其他的工作都是屎。

有一阶段，他的工作是初中教师，生活安逸，勉强小康。他特自豪，觉得在外打拼的人都好蠢好俗气，但凡工资比他高的人都被他说成是拜金主义。

没过两年，因为种种原因，张三被解雇，只得从头再来，干起了销售。他嘴皮子不错，脑子也灵，赚了点钱。

这时再见他，西装革履，油头粉面，张口就是生活质量，闭口就是美酒香烟。

张三，永远是张三。

但穷的时候，他觉得自己是个"虽然没钱，但我很开心"的张三；富裕的时候，他又觉得自己是个"我很开心，因为我有钱"的张三。

屁股决定脑袋，这是一个很有阿Q精神的张三。而我们很多人，貌似都是张三。

我们很多时候，想要，但得不到，我们选择的办法不是去努力，去打拼，而是声嘶力竭地宣告：我其实不想要。

我们看见了葡萄，但个子不够高，伸手也够不着，我们选择的方式不是跳一跳，而是轻蔑地说着：葡萄太酸，我不爱吃葡萄。

我们向往安逸，我们懒，我们遇见点困难撒腿就跑，更可笑的是，为了不让别人看出自己在逃，我们边跑还得边喊些响亮的口号。

[3]

很多人不愿承认自己的慵懒，却拿起"初心"当幌子，什么事碰巧做成了，大声宣布自己不忘初心，但很多事他又做不成，只能小声地安慰自己：没事，反正这又不是我的初心。

时间久了你会发现，这样的人会有越来越多的事做不成；时间久了你更会发现：所谓的初心，基本上就是个没味儿的屁。

我们都曾读过书，上过学，相信很多人也都有过偏科的经历。

回想一下，面对自己的偏科，我们通常是怎么做的呢？是痛定思痛，花很多时间把这个劣势补上吗？

我们不会，我们会告诉自己："我天生不是学这科的料，这科不行没关系，我还有其他科目来提高成绩。"

过了一阵子，你发现你不光偏一科，时间长了，两科、三科，你越来越不行，各科成绩都在对你步步紧逼，你没法子了，只好将自己的目标压低。

事情还没有结束，高考的时候，你成绩不佳，没有考上心仪的大学，这时的你选择了努力奋斗，挽回失地吗？

没有。你点开一篇鸡汤文，嗷嗷待哺地等着它告诉你：没事宝贝，二本、三本的学生都能缔造人生的传奇，没上过学依然很成功的人铺满大地。

你没找到工作，你不去充电不去完善，而是等着别人告诉你：穷人的日子也很潇洒写意。

你爱人离开，你不去挽回不去改变，而是等着别人告诉你：没事，他是不懂你的魅力。

你越来越没朋友，你不去审视不去反省，而是等着别人告诉你：别把大把的精力用来处理这些没用的人际关系。

你一事无成，你不去反思不去努力，而是等着别人告诉你：一切都是浮云，生不带来，死不带去。

有一天，你老了，回首这个碌碌无为的一生，整个过程无非是你对生活处处让步，然而生活却对你步步紧逼。

这时，面对赤裸裸地摆在眼前的现实，还能有什么话拿来再安慰一下自己？

再试想下这样的场景：你赚不到钱，只好说自己不爱钱，然后你就更赚不到钱，结果有一天，你的至亲身患重病，但凡有点钱就能救活，要么就玩完。你怎么也掏不出这笔救命钱，眼看着他的离去，你只能安慰自己：人总是要面对分离。

这句话，你说出口的时候，该是多么的苍白无力。

"人这辈子，最大的成功，就是用你喜欢的方式过一生。"这句话，现在想想，真的是细思极恐。

成不了主角，
就不怪别人拿你当配角

[1]

看了这句话，或许有人指责明话装得够呛。但为了更多人找回自我，我决定还是说说这个颇有挑战意味的关键词——主人。

有一个宿命而悲伤的事实是，这个世界，没有谁会陪你走完这辈子，包括曾经一汤一匙将你哺育成人的父母。所以，只有全心全意地守得住自己，你才能守得住世界，守得住内心，守得住偶然降临你身的这一条鲜活的生命。既然失去是一种必然，获得是万载不遇的偶然，那么天然地决定了：你必须在这一段生命的旅程中，守住你内心的"主人意识"，在你柔软而温湿的心壁花瓣上，默然而真实地刻下那一排排属于你自己"来世一遭"的个性文字。

不管是否有一股外力来将它激活，这一排"文字"都只能属于你。创造偶然之你的宇宙知道，正与你不期而遇的从天边孤单飞过的大雁知道：

只要你守得住，便无人能夺得去！

林语堂先生曾说过，"有勇气做真正的自己，单独屹立，不要想做别人。"吉勒鲁普也说过，"我是自己的主人"。看得出来，做自己的主人，虽然不经意、不随意，却说起容易做起难。不然，不会有这么多大师级人物，一次又一次苦口婆心地劝说大家：要做自己的主人。

[2]

做自己的主人，主要是为了克服生活中的焦虑和沮丧，消解因最终会消失的恐惧和悲怆；做自己的主人，为的是避免一不留神就充当起别人的道具。要做到这一点，首先需要明白，别人的恶语相向或不友善的眼神，其实并非是要冲掉"主人意识"的致命武器，关键是看你如何认识和面对。

美国著名女演员索尼亚的童年是在渥太华郊外的一个奶牛场里度过的。当时她在农场附近的一所小学里读书。有一天她满脸泪痕地回到家里，父亲问其原因。她抹了一下还没有流完的鼻涕说："班里的同学说我长得很丑，还说我跑步的姿势难看。说我来到世间，纯属上帝的一个误判"。

索尼亚被同学讥笑后，她立马特意转身看了看自己的背影。背影随着她的骨骼"吱吱"响了几声。突然间，她耳朵里对这一声响瞬间进行了一种体认，心里一下便感到一种莫名的厌倦。于是，她开始相信同学的"中肯"评价，自己的的确确长得有点得罪观众。

她伤伤心心地哭着回家。

[3]

父亲听后并不说话，只是轻轻地笑了一笑。忽然父亲说："我能站着不跳，也能摸得着我们家的天花板。"（哦，她的父亲没有姚明的身高，只有一米七〇）。

"你能？哄我的吧。"索尼亚听后觉得很惊奇，不知父亲想要表达一种什么意思。她停止了哭声，用不解的眼神望着父亲，反问道："你说什么？老爸，你认为吹牛不打草稿吗？也不用上税吗？"

"千真万确，我能摸得着我们家的天花板。"

索尼亚仰头看看天花板。父亲能摸得到将近四米高的天花板？她怎么也不相信。父亲笑笑，他嘴上的胡须往上翘了翘，随后得意地说："闺女不信了吧？那你也别信你同学的那些鬼话，因为有些人说的并不符合事实，压根儿就是逗你玩，最终目的就是要打击你的自信心，让你失去自我。"

这一下，索尼亚的脑洞大开，终于明白了老爸的这个简单的打比方，居然包含着厚重的哲理。任何事，都不能太在意别人说什么，要按自己的想法去做。别人说的话，有如一阵风吹过，吹过之后，该咋过还咋过。

[4]

因为那个肉嘟嘟的小嘴巴长在别人下巴之上、双鼻孔之下，一张一合，那是人家的生理机能的正常运作，也是人家的权力，没人能阻止它。况且，别人说你"不是主人"，讽刺挖苦你，多半是心存不轨，目的就是要打击你的进取心，伤害你的快乐心，让你由此沉沦，别再崛起。

当然，把你心中的那层"主人意识"彻底打击下去了，胜利者便是舌动"毒花"的那位。因为你让渡出的那条路径，正好被其一下抢占而去，还不用说声"谢谢"。

索尼亚在二十四五岁的时候，已小有名气。有一次，她要去参加一个集会，但经纪人告诉她，因为天气不好，只有很少的人参加这个集会，会场的气氛有些冷淡。经纪人的意思是，作为新人的索尼亚，应该把时间花在一些大型的活动上，以增加自身的名气。

索尼亚这时的主人意识，其实已经铸就起来了，她自我判断，坚持要参加这个集会，因为她在报刊上，承诺过要去参加。结果，那次在雨中的集会，因为有了索尼亚的参加，渐渐地，广场上的人越来越多，她的名气和人气因此骤升。

[5]

在人生成长的道路上徘徊的朋友们，请记住你是属于你自己的，没有谁能代替，别太在意别人说什么，你要自己拿主意！要做自己的主人！这才是避免成为别人道具的唯一选择。

命运在己手，运作靠个人。人生最大的学问就是，如何主宰自己的命运，做自己的主人。能掌握自己命运的人，也就是独立的人，才能称得上自己的主人。构建起独立思考的脑力空域，打造起奋力自强的心智空间，这都离不开知识的不断积累，经验的长期叠加。

功夫不负有心人，意识到了，并不断努力，最终你的人生必然放射出属于你自己的独特光彩，让人侧目和点赞。

不负青春
张扬起舞

好的生活，
从来不能怕麻烦。
活着就是一件麻烦的事，
只有不怕麻烦的人，
最终才能战胜生活的琐碎，
成为它的主人。

{ 我们所有的努力，
是为了拥有掌控命运的权利 }

[1]

你坐在我的面前，年轻白皙的面孔上写着茫然，无辜的大眼睛眨啊眨的。

你问我：为什么女孩子要努力赚钱？

姑娘，这个问题问得不错。

我反问："如果不赚钱，你打算花谁的钱？父母的？男友的？老公的？将来还可以花儿女的。听起来似乎也不错！？"

那么，这一辈子你需要始终牢记一句魔咒。

每次念出它的时候，要语气温软，神情讨好，眼神渴望，加上适当的肢体语言，再缓缓吐出："拜托……钱不够用了……"

哪怕被拒绝也要始终保持微笑，持之以恒、不屈不挠、软磨硬泡。甚至还要付出一些其他的代价，才能达到目的。

成功的速度，也许很快。说出这句话以后，银行卡里的零头增加了，钱包里的钞票变厚了，想买的包包、衣服、化妆品……都到手了。

简单明了，不伤大脑。

尽管，近似于乞讨。

永远记住一句话：别人挣的钱，不是不够你花，就是不给你花。

在父母面前，要钱的你，始终是没长大不让人省心的孩子。他们天天操心："将来我们去了，可怎么办呢？"

在老公面前，要钱的你，哪怕生了孩子操持家务累得半死，对方还是偶尔露出不耐烦的神色："怎么总是花得这么快？知不知道我在外面挣钱有多难？"

若幸运些，成了家里那个管钱的，也难免要时刻提防老公那些鞋垫下、橱柜里的小金库："孩子补课费都不够了还偷偷存钱？给哪个小婊子的？"

在儿女面前，伸手要赡养费是天经地义的，但若毫无积蓄，便是把老来的命运交到了儿女身上。碰上孝子贤孙还好，最多不过感受几分轻狂恩赐的神色。若是不孝，那该面临何种晚年惨淡情状，几不可想。

字字残酷，却是现实无比。

经济基础决定上层建筑，实践在社会每一个角落里。

[2]

认识一个姑娘，那天给我打电话，忽然哭了起来。

问她怎么了，她说："今天下班后在院子里看到一只流浪狗妈妈生了一窝小狗，天气冷，它们冻得瑟瑟发抖。"

她喜欢又可怜，却不敢收养。

原因很简单，她收入十分微薄，每天光是吃住都捉襟见肘，实在养不起这么多小狗。

她默默地看了一会儿，最终还是一步三回头地离开了。

她抽泣地说其实只是一件特别小的事情，但不知为什么就是莫名地委屈。以前总觉得赚多赚少无所谓，穷也没什么可怕的。可是转身离开那窝小狗时才觉得，有些美好的东西，富裕了不一定得到，但穷困就一定会不断地失去。

她加重语气对我说："最可怕的是，穷，连善良都失去了底气。"

另外还有一个姑娘，她像你一样漂亮。恋爱谈了一场又一场，男友换了一个又一个，可她总是不开心。

问她为什么，她想了半天以后说："可能是我总是花他们的钱吧。"

花有钱人的钱，总是心里没底。

不知道对方需要她付出什么样的代价，才能偿还这些消费。

也不知道万一有一天她不再喜欢他了，会不会因为花了他太多的钱，而不好意思，不敢离开。

花没钱人的钱则更难堪，知他每一分钱来之不易。若真的喜欢对方，更是生出愧疚，心头沉重。

如此循环，她总是不快乐。

许多女孩子都声称要找个有钱的、不求回报的好男人嫁了，却不想想，这天上的馅儿饼，就非要落到你头上？

哪儿有那么多有钱的好男人？

哪儿有那么多一辈子有钱，一辈子对你好的男人？

就算有，凭什么看上你？

就算看上你，又怎么保证对方一世不会离开你？

读亦舒的《错先生》，一表人才的文烈，没有任何不良嗜好，只是喜欢集邮，甚至可以用六个月的薪酬去投资一枚邮票。

女主角耐想很爱他，然而她不过小康生活，根本无力维持这样的恋情。对方房车皆无，难道一切都要靠自己？

结局自然是劳燕分飞。表姐庭如问："你错先生就此结束？"耐想说："说不定，他是别人的对先生。"庭如说："有什么稀奇，他又不是坏人，大把有套的女士愿意贴住宅一层，工人两个，让他下班后专心集邮，你不够资格，就不必怨人。"

好一句"不够资格"，女主角不免惆怅。

"真是，有本事的女子，爱嫁谁便嫁谁，爱做什么就是什么。"

［3］

足够强大，就有了在感情中平等的资格。不必考虑对方有没有钱，只需要确认他是不是喜欢的那个人。

有钱，是锦上添花。

无钱，也不致于贫贱夫妻百事哀。

若在一起，就单纯享受情感带来的甜蜜。

若对方离开，也可以一个人活得很好，甚至更好。

的确，"练得武艺高强了，届时，任何人都是对先生"。

曾在医院里见到许多家中拮据的病人，有些因为注射不起昂贵的自费特效药，只能选择痛苦的保守治疗。

甚至还有因为出不起手术费而选择放弃治疗的，女儿跪在病房外哭着送别父亲，声声句句都痛骂自己不孝。"爸呀，怨女儿没能耐，找不到有钱的老公，还有孩子要养。爸呀，女儿对不起你！女儿别无选择呀——"

姑娘，你问我为什么女孩子要努力赚钱？

难道为的不就是这一刻？

不会哭着跪在地上忏悔，而悔恨的内容却是"为什么我找不到有钱的老公"，"为什么没有富有的好心人跳出来拯救我于水火"。

可以在生死攸关的瞬间，完全不考虑那些乱七八糟的旁枝末节，堂堂正正站在医生面前，大声说："给我爸妈用最好的药！我的钱想怎么花就怎么花！我说了算！"

每一位亲人的离世都令人心恸。但至少我们可以努力赚钱，不因这最低级的缺失而遗憾。

某天去一位单亲妈妈家里做客，她与那个出轨的前夫离婚后，生了一对双胞胎，非常可爱。前夫却不闻不问，每个月只给一点儿微薄的生活费。

我进屋的时候，她正冲着两个孩子大发雷霆，孩子们含着泪站在墙角，一声都不敢吭。我连忙拦下她，问她怎么了，她眼圈也红了。

原来两个孩子趁着她做饭的时候，翻出彩笔，把客厅的四面白墙画得乱七八糟。

我轻声安慰她，孩子喜欢画画是好事，只是没找对地方，发这么大的火实在不利于他们的身心健康。

她大声哭诉："我当然知道不该发这么大的火，可就是忍不住啊。重新刷墙要花多少钱，你说怎么能不心焦？看到他们，就觉得像讨债鬼。"孩子们在一旁也大哭起来。

她擦着眼泪："你不知道，就连我做剖腹产手术的钱都是问爸妈借的。只恨当初怎么就一门心思做全职太太，现在出去应聘都没人要。没有钱，内到外都是火气，哪有心情带孩子？"

我不知道该怎么继续劝说她，却想起另外一位情况类似的朋友。

这位朋友是未婚生子，更惨的是，不但她的男人没担当地消失了，连家人也觉得丢脸而和她断绝了往来。

好在她是非常优秀的影视编剧，恋爱前就有不少存款，怀孕后继续疯狂创作，收入不菲，足够预订最好的产检和生产条件。孩子出生后，她雇了一位月嫂和一位保姆伺候日常生活，完全解放了双手，自己主要陪孩子玩，和颜悦色地讲故事、做游戏、唱歌。

她说每每想起那个不负责任的男人，心情都会变差。这时就带着孩子出国，去最美的旅游胜地，住最贵的酒店，看看风景，心情自然好了。

有一次去海边度假，她睡了个午觉，醒来时发现价值十几万的钻石项链没了。她有些吃惊，但并没大吼大叫，而是把孩子叫来，耐心询问是否看到了项链。

孩子坦然地说，昨天听了所罗门宝藏的故事，刚刚跑到海边，把项链埋到了沙滩的某个地方，跟小伙伴们玩起了宝藏游戏。

她听后先是一愣，随即笑了起来。摸了摸孩子的头说宝贝真有想象力，那小伙伴们找到宝藏了吗？孩子沮丧地说没有，埋进去就找不到了。

她说那就对了，能找到宝藏的人需要拥有勇气和智慧，你要多读书，多锻炼身体，长大以后才能找到宝藏。孩子高兴地点头，说知道了妈妈。

那条钻石项链永远消失在了沙滩上，然而这一次昂贵的损失，并没有给这位母亲与孩子之间带来任何情感上的裂痕。

后来在与旁人讲起这件事时，她轻描淡写：十几万与孩子的童年相比，后者更重要。当然，因为我赚得到，所以损失得起。

[4]

前些年，特别流行一个渔翁的故事。说富人去度假，偶遇一位渔翁，富人问渔翁为什么不工作，渔翁问富人：工作了可以得到什么？富人说工作了就拥有财富，拥有了财富就可以像我一样，躺在沙滩上晒太阳。渔翁说那我现在已经在沙滩上晒太阳了，为什么还要去工作呢？

我并不喜欢这个所谓的诡辩寓言，只因为它仅仅靠着文字游戏把读者带入了"得过且过"的误区，却忽略了另外一个层面的深意。最可怕的是，让很多懒鬼与懦夫有了充足的借口，拼命宣扬"有钱买不来快乐"——仿佛贫穷就一定快乐似的。

若我是富人，当会这样回应那位渔翁：我努力工作赚钱，是为了可以拥有选择的资格。我可以选择在沙滩上晒太阳，也可以选择去南极看雪，去巴黎喂鸽子，去迪拜的五星级酒店安眠。我可以选择打着遮阳伞穿着昂贵的比基尼晒太阳，吃着冰激凌喝着冰镇啤酒晒太阳，找两个按摩师做着SPA晒太阳，我还可以选择不晒太阳只晒月亮……而不是毫无选择，只能干巴巴地、衣衫褴褛地在沙滩上晒一辈子的太阳。

穷困最大的痛苦，是根本没有选择"要"或者"不要"的权利。

摆在面前的只有一条路：不要。

毛姆在《人性枷锁》中说："人追求的当然不是财富，但必要有足以维持尊严的生活，使自己能够不受阻挠地工作，能够慷慨，能够爽朗，能够独立。"

你懂了吗？姑娘。

我们所有的努力，都只是为了拥有掌控命运的权利而已。

当然，这个世界上一定有一批上帝的宠儿。

出生含着金汤勺，找得到有钱又可爱的伴侣，一辈子风吹不着，雨淋不着，衣食无忧，应有尽有，从不为钱的事情发愁。

不必嫉妒，那是他人的福报。

低头看看自己，含的是铁汤勺，走的是独木桥，过的是大多数人的生活。

你还在盲目地期待什么？

明明拥有足以主动创造奇迹的时间，却傻傻等待一场未知的运气，是生是死还是苟延残喘，亦未可知。

你是不是傻瓜？

打起精神，从明天开始，出门去找一份工作。哪怕要面对老板的刁难，同事的磨合，种种难题，甚至憋屈、愤怒、哭泣……都是磨砺，都是注定。

但是，当钱包里塞满了汗水所得，买得起商场里一切想要的东西，刷卡并签下一份购房或购车合同时，你终会发现，除了物质，还获得了许多从未了解过、触碰过、拥有过的东西。

也许一生未至巨富，但永不会因无钱而低就，因无钱而委屈，因无钱而失爱，因无钱而受害，因无钱而送命，因无钱而悔恨。

姑娘，这就是努力赚钱的最佳理由。

找准自己的位置，随音起舞

"天地不仁，以万物为刍狗；圣人不仁，以百姓为刍狗。"天为琴谱地为弦，万物生灵皆为琴键，各自运转，各自跳跃，有形无形，相辅相成，拼凑成名为"生活"的章回体乐曲。

——题记

顺其自然，顺其自然，顺其自然。

并不是简单的四字成语，慢慢咀嚼，方能懂得其中的妙语禅机。

天地万物，命理殊途，各有其生存之道，处世之法。人类亦如是，大自然的产物而已。

公交车还在缓步前进，车厢内不时传出不耐烦的抱怨声和心累的叹气声。行走在外，会发觉整个世界都是忙碌的。我喜欢找个舒适的角落静待着，不听音乐，不抓手机，看看花草樱木，看看川流不息。满满一车厢人，坐着的继续补觉，站着的赶紧插空看看今日要闻，有人将头探出窗外瞅了瞅，随即仰头靠回椅背上，拿手揉着太阳穴，"堵车天天有，今天特别多，上班又要迟到了，唉……"公交车上播送完经视直播后便开始播放公交之歌，"迎着晨曦，迎着阳光，我们穿梭在大街小巷……风风雨雨，寒来暑往，你的笑容每一次都会为我增添新的力量，是你教会我坚强……"悠扬高昂的女声，嘹亮清晰的嗓音，抚慰人们背离于清晨的不平和情绪。

我时常坐在车厢第二层最后头，饶有兴趣地看着窗内景、窗外景。可以看得很远，车窗擦着道路两旁的树梢，有绿叶抚过玻璃。不知名的树开了一树粉艳的花，像一团粉色的雾，站成一排，转过拐角跃入眼帘，忽的觉得柳暗花明，明媚纷纷了。街道各处都在挖掘修补，道路被大大小小的建筑牌切分成一条条一块块，歪歪扭扭地绵延。

身体可以繁忙，漂流于俗世，但内心一定要有光，开出一片花海。生活诚然不是佛祖，高高在上，当你有需要的时候才记起它，拜一拜，灵则千恩万谢，高歌一曲，不灵则弃如敝屣，束之高阁。它是你心中驯养的魔物，咫尺可及，不遥远，不可怕。读懂了，以温柔的心善待它，会变成诗，如涓涓细流荡涤你的心灵，教会你思考，明尔双眸；若以狂躁的脾气斥责它，诋毁它，则会变成洪荒巨流，携雷霆万钧，毫不留情地将你吞没，奴役汝身。

骑单车的人在大小车列中穿行，见缝插针，裹着风衣戴着口罩，为自己争取时间，希望送完小孩上学还能赶得及上班。每个交通路口人行道两端都站着执勤的人员，年纪在五十岁左右，拉着长布条，挽着红色袖章巾，防止心急的人闯红灯。哨子声一响，拦过人腰的布条被放下，两端聚集的人才急也匆匆的过去。这些小细节，言重言轻，以前倒是从没注意，想来是我们的城市越发出类文明了。

公交站牌前往往都扎堆着人，伸着脖子眺望自己要等的那路车，只等车一到，便蜂拥上前，唯恐排到自己时，司机吼一嗓子，"后面的人等下一辆，已经装不下啦！。"偶尔碰巧有洒水车经过，独具特色的充满童趣的音乐声传来，可慌乱了一群着急上车的成年人，是先跑到站牌后面避一避呢还是原地蹦跶几下来个芭蕾点地，两难的处境，几声咋呼，倒也十分有趣，笑骂过后，人也来了精神。

马路两边小道上各式各样的餐点小吃，不精致，不雅观，简陋的车篷子，站着夫妻二人，手脚麻利，不张罗，不叫唤，围着的却都是成群食客。管他西装革履，管他布衣草民，或嘴里咬着鲜香酥脆的煎饼果子，或手里提着热气腾腾的蒸饺馒头，赶路的赶路，闲聊的闲聊，撇开高低贵贱之分，三六九等云云，你我素不相识，来去不知，却都是在为同一件事奔波，那就是填饱肚子！君子博仁远庖厨，也仍要为食不厌精脍不厌细烦恼，小人薄志思安稳，也还是要为柴米油盐酱醋茶打算，要不怎么说中华传统是民以食为天呢！

给马路做卫生的阿姨大爷，拿着称手的工具给各种广告站牌围栏建筑清理灰尘，有的开着小三轮拾拣烟头饭盒筷子，有的将可回收的不可回收的垃圾分类整理，默默无闻却工作认真。

这，便是生活啊！每个人手头都有一份差事做，为自己、为家庭、为社会贡献自己的价值，大可不必高呼"我辈岂是蓬蒿人"，但一定要自信"天生我材必有用"。当苦恼于不知如何着手如何安置百思难破时，且由它去吧，时间的辊轮不会停滞不前，你的撒手放弃也不会导致世界毁灭，史书终将翻过这一页。

如果有人问我生活该是什么样子？我想我会说，站在你现在所处的位置，三百六十度抬眼观看，你目之所及的一切都是生活，手里的一杯水，身下的一张椅子，踏出的一步路，说出的一句话，思考的一个问题……都是生活展现的形态，你存在的本身就是生活造就的，你即是生活的代名词，不然怎么会有算命先生观面相便知其周遭际遇命理顺舛呢？

生活该是首心弦之曲，没有声音，没有琴弦，指尖在空气中拨动，敲出的音符随风漂泊，流入知音人的耳。如果有人问我生活该是什么颜色，触摸起来该是怎样的质感？我想我会说，生活就像灯笼里的蜡烛在夜晚寂静无人时透露出来的微黄灯光，不明媚却很温暖，不苍凉却很安详，让孤独的旅人知道，此处有人家有烟火，有可以充饥取暖的希望；像慈爱老母亲的双手，常年搓捻着梭子线，铜扣抵过针头，布鞋纳了一双又一双，纵使斑驳褶皱黢黑粗糙，也依然让人舍不得放手，握着它，漂泊的心才逐渐变得安定、熨帖、皈依。

我们都是乞丐，讨要着生活，或简单，或容易，或豪奢，或艰辛，低头弯腰，昂首阔步，都是我们生存的姿态，找准自己的位置，随音起舞，佛在我心，怀着慈悲，生活处处皆可修行。

好的生活，从来不能怕麻烦

[你看到在朋友圈晒照的，看不到熬夜做攻略的]

柚子去过很多国家，墨西哥自驾、芬兰住冰屋、巴厘岛潜水……她像一本活的旅行指南，跟她在一起很长见识。

很多姑娘都想做有见识的人，不可否认，旅行是特别好的增长见识的机会。然而去同一个地方，跟团游所获得的知识与见识，与像柚子这样精研攻略，自己规划旅游线路，连只有当地人知道的老灯塔，都能被她从谷歌地图上找出来，是完全不一样的。

跟团游，我们只是带上放松的心情，往往根本记不住玩了什么。而柚子，是从决定了去哪儿的那一刻起，就开始一场漫长的学习与探索。她的每一次旅行，都是密集的技能短训班。通常提前半年确定旅行线路，着手准备。订最便宜的机票，最有特色的民宿酒店，了解目的地的风土人情，考虑如何最大限度地利用目的地的资源，丰富自己的人生体验。比如去法国参加一个糕点短训班，去巴厘岛考潜水证，去日本学园艺。

有一次我去找柚子，她正在抢半年后的特价机票、预约米其林三星餐厅。通过各种软件进行比对，像搞科研一样。我不禁感叹，你可真不怕麻烦啊。她说，当然了，怕麻烦什么事儿都干不好。

[工作狂与生活狂有同样的内涵]

我身边有另外的朋友，逃离"北上广"，去云南追求品质生活。我问她是不是没事儿就发呆，她说我每天都很忙。

她租的房子就是普通民居，天空很蓝，但房子很破。每天她都琢磨怎样让房子看上去更像她自己的。光是一扇木门，她就涂了五遍油漆，最后终于达到自己想要的颜色。这还不够。她找来木器、漆器工艺书，对照着，拿细砂纸慢慢打磨，硬是把一扇涂完油漆不到半年的门，做旧成了历经几十年风雨的样子，特别有味道。

她还在房前屋后种了香草，自己做纯露、手工皂，承包了一片差点被荒废的苹果园，希望等香草漫山、苹果成熟的时候，就能站着把钱赚了。

我去小住，发现她已经完全变了一个人，皮肤黑身材好精神爽。她以前是个工作狂，现在变成了生活狂。

"来云南，本来是想过悠闲的生活。不过，跟悠闲相比，我更喜欢现在的状态，自愿学习、愉悦身心、日有所得。"她说。

[好的生活，从来不能怕麻烦]

今年我自己也规划了一个旅游线路。说实话，很多次都想放弃，因为实在太麻烦了。但柚子一直鼓励我，她说，我能做到的事，你一定也能。

跌跌撞撞地一路逼自己走过来，回头去看，发现不知不觉已经在一个之前完全不熟悉的领域成了半个专家。

台湾演员张震，拍《赤壁》熟读三国，拍《深海寻人》考了潜水执照，拍完《一代宗师》，拿了全国武术八级拳的一等奖。我相信他做这些，不仅仅是为了演好角色，而是他对于自己的规划，就是不断开拓知识边界，增长见识。他所理解的品质生活，也一定不是呆在家里喝杯速溶咖啡，而是即使呆在家里喝咖啡，也要了解咖啡豆的产地，不同品种咖啡的口感区别，不同水温、萃取方式，对于咖啡的影响。

品质生活是建立在知识的拓展、复杂的学习基础上，而不是靠钱堆出来的。

同样是带孩子去高级餐厅吃饭，有人跟孩子强调的是这份烤牛排比一般馆子贵十倍，这个果汁比依云水还贵……孩子能明白的品质生活，就是花钱。

另外一些家长却事先做足功课。不提价格，而是告诉孩子，这个酒店的装修配色，高级在哪里；有哪些具有高科技含量的装饰与服务；哪一片海域出产的生蚝可以做刺身；什么纬度的水果最甜。这样一顿饭吃下来，孩子所理解的品质生活，与审美、知识积累、努力、敏锐的感知有关。

[见识是被勤奋养大的]

我们说到高品质的生活、有见识的姑娘，很容易只看到结果。

一个人，有出众的红酒知识、园艺知识，懂茶道、香道，很会玩，知道自己要什么，于是我们说，哇，这个人活得好有品质，我想过他那样的生活。可是，无论你有多少钱，这样的生活都不是摆在你面前，拿来即可的，而是靠积极拓展知识边界得来。

我所见到的有见识的人，没有一个是怕麻烦的人。生活品质很高的人，也没有一个是懒人。无论增长见识，还是追求生活品质，都需要花费精力与气力，拼的是谁钻研得更深。那些怕麻烦的人，其实他们所能享受的只能是自己的懒散。

工作做不好的人，当了全职太太照样不合格；连玩都不会的人，工作其实也很难做好。

那些能把一辈子过成几辈子的人，没有一个真正的懒人。

是不断探索的激情，造就了有见识的人、高品质的生活。世界上所有你看着很好的东西，背后都藏着用心与热爱。

好的生活，从来不能怕麻烦。活着就是一件麻烦的事，只有不怕麻烦的人，最终才能战胜生活的琐碎，成为它的主人。

学会接纳
"小矛盾"

[1]

一对恋人吵架，其中一个人说："亲爱的，我在说谎。"

试问，这句话到底是不是谎言？

如果你说它是谎言，那它就是实话；但如果你要说它是实话，它亦是不折不扣的谎言。

这便是著名的谎言悖论。

也就是说，这个世界，有时候是由悖论组成的。我们无比坚信的某种观点，往往换个角度，结果就会大相径庭。

但事实上，两个截然不同的结论，都有可能是正确的。

[2]

两个人谈恋爱，不成熟的人往往会犯这样的错误：总觉得自己有天大的委屈，对方怎么这么不懂我？口口声声说爱我的那个人，怎么一点都不理解自己？！

其实答案很简单：男人来自火星，女人来自金星。

他们本来就是用不同的思维方式，一个旨在解决问题，像消防员灭火一样，期待尽快找到水枪，瞄准火源，努力灭火；一个侧重于状态和情绪的表达，往往宣泄本身，便是一种解决方式。

而成熟的恋人，一般不会打破砂锅问到底：为啥对方这样想的？他这么考虑，是不是说明了不爱我？她是不是看多了琼瑶怎么这么喜欢无理取闹……

须知道，恋爱不是科学，不是升级知识库，更不是打怪闯关拾宝升级；而是一门生活的艺术，哪怕暂时欣赏不来，也可以很喜欢，我们有时候需要的，只是多一分盲目的包容。

在恋爱的路上，我们可能会遇到形形色色的人，有些人喜欢闪婚，有些不爱生育，有些人钟情忘年恋，有些人喜欢同志情……道不同可以不相为谋，但没有必要去鄙视、抨击，甚至伤害。

感情上的成熟，不是懂得更多的恋爱技巧，也不是掌握更多的御夫心经。而是真心诚意地理解对方，哪怕观点不一，亦能求同存异。

成熟从来就不是智力上的升级，而是情感上的蝶变。

[3]

记得在电影《使徒行者》里，有这么一幕，张家辉用枪指着暴露了"卧底"身份的古天乐。

古天乐说，"警察还是黑帮，这个身份我没办法选择，但至少我可以选择救什么人"，"做兄弟，在心中，你感觉不到，我说一万遍也没有用。"

小时候，我们都以为，懂得越多，就越能够分清黑白，但其实，等我们真正长大之后，更应该了解的是：这个世界哪有这么泾渭分明的黑白，不同人的眼中，黑白也不一样，理解了其中的不同，才是真正的成熟。

在职场上，何尝不是如此？

我们会经常遇到跟我们意见不合，甚至截然相反的同事，比如说最典型的矛盾组合就是市场和销售团队。

职场耕耘多年，其实我一直从事的，都是以花钱为主的市场型工作，跟以卖货赚钱为主的销售人员几乎有着天然的矛盾。

他们总会明里暗里地抱怨，你们市场部总是乱花钱，可做的事，又看不到什么效果。我们则会嫌他们鼠目寸光，没有战略眼光，有些钱是做长远品牌建设的……

解决的办法很简单，那就是知道对方的立场，容得下彼此的观点。哪怕我从没做过销售，但也知道，当你每个月背着销量，会是怎么样的一种感受。

所以说，真正成熟的职场人士，是能够守得住自身的立场，同时也能容得下对方的观点。这样才能在必要的情况下，真正地说服对方，并把对方引导到共同的利益上。退一步，就算不成功，也不会爆发大冲突。

当然，类似的智慧，其实我们更应该在城管和小贩，医生和患者，甚至婆媳之间看到。

[4]

在《小王子》的开头，作者画了一幅画，并问了很多人这是什么。

人们都说是一顶帽子，但其实他画的是一头巨大的蟒蛇，并且正吞食着大象。然而，不管是代表着城市人眼中的帽子，还是森林人眼中的蟒蛇，都是正确的。

换句话来说，在我们心中，如果能同时放得下帽子和蟒蛇，装得下城市和森林，自然比别人更有智慧。

在全球畅销书《无声告白》里，小姑娘莉迪亚之所以选择自杀：一来是因为父母只会想着把自己的期望，寄托在孩子身上，严重忽略了孩子本身的立场；二来小姑娘所在的学校，对这么一个华裔姑娘，没有足够的包容，最终重重的压力吞噬了她。

固然，人是群体性动物，但倘若我们因为看到了别人的不一样，就要打击和伤害。试问，我们跟动物还有什么区别？

众所周知，在生活里，婆媳之间是最容易产生矛盾的，但我有一个同事却处理得很好，甚至比她跟母亲的关系还好。

我们都好奇，她到底有什么杀招。

她说，没有其他，我也不懂他妈是怎么想的，有时也很纳闷他们这辈人的思维方式。但我相信有一点，她在做某些事的背后，肯定藏着一层过去的原因：我们都说服不了对方，但我比她更能包容。

确实，真正的成熟，不是掌握更多的事实，懂得更多的道理，而是你哪怕不了解对方，也知道一定会有自己的理由。

[5]

记得《了不起的盖茨比》的作者菲茨杰拉德有这么一句名言："同时葆有全然相反的两种观念，还能正常行事，是第一流智慧的标志。"

也就是说，有智慧的人，必然能够容下不同、甚至截然相反的观念，然后还能把事情做好。

最近这两年，有一档叫作《奇葩说》的节目非常火。这个节目有一个最大的特点，就是一个事情两种观点，且相互矛盾，但从不同的立场都能说得通。

听起来，像是一个普通的辩论赛，但其实隐藏着几个有趣的含义，比如说现在这个社会，越来越不信奉"伟大光明正确"的真理，而是更注重多角度看待问题，也更包容。还比如说，我们很容易被别人的观点左右，容易失去自我等等。

正所谓"花开生两面，人生神魔间"。世间的道理，往往是正反合一，阴阳相融。明白了这一点后，我们才不会极端去考虑问题，也不会随随便便怒气冲天，幼稚到跟人干仗，甚至动刀为凶。

总的来说，不管是爱情，工作还是生活，真正的成熟，不是你懂得了多少的大道理，而是理解了更多的小矛盾；也不是你结交了多少志趣相投的人，而是接纳了更多不合的人……

如果说每个人的成长，都注定会有代价，那么我最希望的是，经历了所有的代价之后，我们能换来一份真正意义的成熟。

在平凡生活中
挖掘不平凡的美好

[1]

曾经有朋友和我聊天。

她弟弟不顾家里人反对，坚持要放弃眼下公务员的工作，去追求当下一些文章中所描述的诗与远方。

我说挺好的啊，我们这代人有自己的未来规划，不以上一辈的思维与价值观来局限自己的人生。

她说好什么，他现在整天嚷嚷着要做一名背包客，正东挪西凑地借钱准备去旅游。

最后在她的威逼利诱下，我和她弟弟聊上了。我问他为什么辞职？

他说他感觉生活极其无趣，每天朝九晚五，三点一线，一眼就可以望到死，提前过上了养老生活。人就一辈子，这不是他想要的人生。

那你辞职后有什么打算？

当一个背包客，去旅游。

旅游回来后呢？

他没有接着回答，而是说，其实我蛮羡慕你们的，什么时候都可以来一场说走就走的旅行。

我哭笑不得，说我们大部分作者都有自己的本职工作，下班后还要抽时间码字写文，哪来时间天天旅游？

他说那你们所谓的诗和远方都是骗人的呗。

我说没骗人啊。至少于我而言，工作是现实，也不觉得苟且。而写字，却是我的诗与远方。

我建议他在工作之余多去发掘自己的兴趣爱好，好说歹说总算把他的想法暂时摁了下去。

所有人都厌倦千篇一律的枯燥生活。很多人习惯将自己正经历的生活当成苟且，近乎偏执的认为远方存在着诗一般的生活，殊不知你所谓的诗与远方可能正是别人眼前的苟且。

而真正诗一般的生活，从来都是在当下平凡的生活中发掘出美好，将平凡的日子过得不平淡。

[2]

大学一师兄，研究生毕业后经导师推荐进了全国有名的设计院。

该院是本专业全国"八大院"之一，所以无论是对专业技能的提升，还是个人的发展前景来说，都非常不错。

可去年六月份，入职不到一年的师兄突然辞职了，我们都倍感疑惑，后来经一个和他关系要好的师姐讲述，众人才恍然大悟。

入职后，师兄发现抛开职场前辈不谈，单就他们那些新人，清华大学毕业的就好几个，其他河海、武大这些学校毕业的更是一抓一大把。

在那样的顶级设计院，卧虎藏龙本是一件很正常的事情。可这对于一直习惯了成绩鹤立鸡群的他来说，这种巨大的落差让他一下子适应不过来，甚至陷入了极度的恐慌，最后都开始怀疑自己的人生。

他觉得自己应该寻找一个逃离的豁口，便向领导申请调休长假，在遭到领导的拒绝后干脆直接辞职，背着背囊就一路向西，在大西北晃荡一大圈后，最后干脆驻留在了拉萨一家青年旅馆。

我们一度以为师兄就要因此顿悟，过上了他诗一般的生活。

可在待了三个月后，师兄风尘仆仆地回来了，并且立马找到一家普通设计公司就职，过上了朝九晚五的上班生活。

接着他又一次性报了几个资格证的考试，甚至将目标瞄向了一个我们望而却步的资格证——岩土工程师。

这也算是恢复了从前对待学习那种一往无前的气势，可前后两家单位的巨大差距还是让我们为他甚觉可惜。

后来在一次偶聚的时候说起这件事。

他说遗憾是有，但也不是完全没意义，至少让他明白了一个道理。

生活在别处，而此处和别处，咫尺天涯，天涯咫尺，跨不过去是天涯，跨过去了就是咫尺。

[3]

毕业第二年，我遇到了入职以后最大的挑战。

那时候公司接了一个水坝除险加固项目，我被临时顶上了一个项目负责人的位置，听起来是加官升职，可实质是因为公司人手不够，因而被赶鸭子上架。

总工派了两个应届实习生给我，可他们两人对我工作的分担可以说是微乎其微，甚至有时候反而会拖慢我工作的进度。

去项目现场做记录，画个草图都不知道怎么入手。回到公司正式工作，又连CAD、Excel这些基本的办公应用也经常要问。

甲方项目催得急，所以足足半个月时间，我没有双休，没有正常上下班时间，几乎每天都是工作到晚上十二点，然后第二天又顶着黑眼圈准时打卡上班。

可就在我把项目交上去后，甲方那边又出现了重大变更，看着那些被退回的资料，我的心真的跌入到了谷底，除了失落外，更多的是一种无法言喻的愤怒。

我心想我受够了，坚决不伺候了。

下班回住所的路上，那时候夕阳刚好，我突然感性了起来，一个念头猛地出现在了我脑海：我要辞职。

当这个念头出现在脑海后，瞬间就像被魔鬼上了身，回到住所便整理衣物，背着行囊就出发了，甚至都没想过先辞职这种事。

可在去车站的路上，每走一步就气竭一点。给一个大学好友打电话，他在听了我的讲述后，只说了一句，"你忘了去年那次吗？"

我自然知道他说的什么，那是刚毕业的时候，我们两人在一秒内作出了一个辞职旅游的决定，在外游荡了一个月，但并没有找到想象中的诗与远方，而是回来后啃着馒头重新找工作。

这个电话让我彻底失去了一开始的冲动，背着背包又默默地走了回去。第二天我便沉下心来，带着两个实习生仔细核验修改。

其实心态真的很重要，当你摒弃了各种浮躁的想法，明白了自身的处境，并知晓除了面对别无选择的时候，那种力量可以让你的工作效率几何倍增。一个星期不到，我便将变更修改后的资料交了上去。

那天下午，在回住所的路上，还是那个火红的夕阳，却足以让我感受到生活的另一种美好。

很多时候，当自己的心被牢牢捆绑，而你又一意躲闪不愿面对，那逃离再远也是徒劳，因为你总有一天会回归到生活原本的轨迹。

[4]

谁都不想让机械般的生活吞噬自己，谁也不想在人生前行的路上苟延残喘。

我们都在寻找一种精神上更高级别的生活方式，可很多时候却也因此而忘记了脚下的路，将憧憬和美好寄托在了未知的远方。

这是心灵的依托，却也是逃避的借口。

如果你都不能面对眼下的生活，那远方除了遥远，一无所有，终你一生也无法踏尽。

人生是一场修行，生活更是需要一份智慧与定力。同样的事情，相同的境遇，有些人将生活过成了苟且。可同样，也有很多人将生活过成了诗与远方。

你觉得当下的生活枯燥平淡？跨过去，找到一个能够让自己灵魂产生共振的兴趣爱好。

你觉得前方的道路黯淡无光？跨过去，努力掌握各种能够提升个人价值的专业与技能。

你觉得眼前的困境让你心力交瘁？跨过去，既然无法逃避，那就静下心来坦然面对。

或许，这就是生活的终极奥义。

跨不过去，哪怕远赴天涯，但是灵魂却仍被牢牢地困锁在原地，心系苟且。

跨过去了，即便身处闹市，仍然可以寻得内心的皈依，享受自己独有的诗与远方。

{ 在不公平的世界里
活出公平的姿态来 }

十年前我刚开始工作的时候，最常听到的话是："这批年轻人真是不行啊"，"真是一代不如一代"，"80后既自私又叛逆"，"我们那一代人第一天上班都是从擦桌子开始的，你们已经够幸福的了"。

等到了这一代，我去高校做讲座，才刚刚"大一"、"大二"的他们已经陷入了焦虑，"已经有同学创业融资了"，"不混社群，以后找不到好工作"，"既不能拼爹，也不能拼颜值，以后怎么办"……

每一代的年轻人遭遇的时代既相同，又不同。不同的是，时代要求的个人素质不一样，发展方向不一样。相同的是，当你走出校门，扑面而来的都是挫败感，都是不公平。

[1]

最近看到一个台湾的视频，做了一个有趣的试验——把几份求职简历，同时递给台湾企业界的各位大佬，为了公平起见，他们是看不到求职者姓名的，只能看到他们的履历。

第一份求职简历A先生，被大佬们公认"成绩好，学历漂亮"。但是，没有工作经验，被全员否决。

"这实在不是一份好履历。"

"我不会用他。"

"最大的弱点就是没有工作经验。"

第二份求职简历B先生，干过洗车员、面包学徒、菜市场学徒，却只有中学学历，再次被集体否决。

"他的学历没有竞争力。"

"这样的人，都不喜欢。"

"第一瞬间基本上，就刷掉了。"

第三位求职者C，每个大佬拿到的简历都不同，但是每一个都把"C"否决了。

"这份简历很普通，29岁才工作不到一年。"

"他每份工作，都是工作一个月。"

"三万二（新台币）偏高，她才刚毕业。"

试验的最后，是大佬们把遮住名字的贴纸撕掉，他们的表情充满了惊讶、震惊，最后是愧疚、惭愧。

被吐槽"学历好但没工作经验"的A先生，其实是导演李安。他有一个漂亮的学历，但和电影无关的工作都不想做，宁愿当家庭煮夫，一直到33岁之前都没有什么工作经验，直到36岁才开始真正拍电影。

被诟病"打工无数但学历低"的B先生，是台湾著名的面包师傅吴宝春，因为从小家境不好，他只念了中专，为了养活家人，各工种都做过。可是现在，他的面包店开遍全台湾。

A和B的真实身份已经够惊人了，但C的身份不只是惊人，因为每一个都是大佬们身边亲密的人。

被嫌弃"简历普通，29岁才工作一年"的C，其实是一位大佬自己最好的兄弟。

"一个月换一份工作"的C，是一位大佬自己从小看到大的朋友家小孩。

而"刚毕业，就要求薪资三万二新台币"的，竟然是一位大佬自己家的女儿！

沉默后的大佬们纷纷表示，自己已经陷入经验主义里，太容易去给一个年轻人贴标签，丝毫没有意识到——一个好生生的人，不是一个简历可以完全呈现的。而身居要职的他们，很可能因为他们的傲慢、轻视、冷漠，就轻易毁掉了一个年轻人对自己的信心。

但这最后的惭愧，又能唤起多少人的同理心呢？又能让多少年轻人真正意识到，不是社会对你不公平，而是你对自己太随便。

[2]

每个人都年轻过，我20岁的时候做第一份工作，一样被骂，一样每天加班。但我被骂得心服口服，因为我的确不够优秀，即使再努力，也还是连入门级别都达不到。

这种被骂纯粹就事论事，不含任何人身攻击，也不含任何轻视和鄙夷。我知道，他们骂我，是因为对我有期望、有要求，不希望我年轻时候错过了最佳成长期、蜕变期。

但前提是，那个骂你的老板是有真才实学、人格魅力的，是真心愿意教你的，那样你才是赚到，你才值得主动加班。没有这些，给你画再多的大饼，也不值得你浪费时间。

第一，每一代年轻人刚进入社会，可能都会面临这样那样的不公平，是的，每一代。没有出身和背景，甚至没有名牌大学学历的我们，与其吐槽这种不公平，不如去决定，三五年后你要靠什么去搏一个公平。

第二，人生很长，不是一场短跑，有人一开始就领先，有的人30岁才发力，有的人大器晚成，当然也有终生平庸。但聪明的人都知道，你才是值得自己奋斗终生的品牌。一切积累都不会白费。

第三，不管你曾经做过什么，不管你现在正在做什么，不管你什么学历，再小的个体也是一个品牌。请永远记得，只有你能为自己这个品牌负责。

［3］

曾经我推荐一个大学没毕业的朋友，去给我一个总编朋友当助理。他说，别人不会要我的吧，我现在只是一个电话销售员。

我跟他说，不要废话，把简历丢给我，我来帮你改。打开他的简历，果然全是视频里那种会被大佬否定的内容。

我问他，你为什么没有提你的文字功底很好，你为什么不说你有大量的阅读积累，你为什么不说你用一首诗追到了一个姑娘。

他沉默了一会儿说，我会好好改简历，我会飞过去面试。

八年后，他现在是一个估值过亿公司的高层。

年轻人，可能这世界的确欠你一个公平。可活到今天，也有许多人在我身后指着我说——这世界不公平，凭什么她得到那么多？

我觉得，那是因为我流过的汗水比泪水更多，也因为我永远对帮过我的人心存感激。因为这份感激，所以要把他们当年教给我的东西好好拿来战斗。因为感恩，所以要活得比他们更牛！

{ 请收起你 矫情的敏感 }

[1]

我不会忘记弟弟高考后从大门出来的那个下午，低头噙着泪水，强忍着不想被他人看穿的神情。

或许也就是从那之后，他开始变得敏感又冷漠。

平时在朋友圈不刷屏不罢休的他，现在可能会偶尔的发一条，但如果过了3分钟都没有任何评论点赞的话，他就会觉得是不是他在朋友圈里说错了什么。

然后开始反复审视这条朋友圈，最后果断删掉，仿佛一切都没发生过。

聊天的时候，如果顺畅地聊了一段时间，这时一句话发过去对方突然没反应，他就会考虑是不是前面的哪句话得罪她了，想接连发好几个对不起，只要对方不生气就好。

甚至到现在，他在和别人面对面交流的时候，会对他人的细节动作眼神有很强烈的感知性，以至于他总是在不停地发现对方的内心真诚与否，

这个动作的动机是什么，他每次看穿他们，就会让他自己更难过。

有天弟弟忍不住向我诉苦，说敏感的自己真的好辛苦。自己始终都在承受着别人看不到的痛楚。

我拍拍他的肩膀，对他说："其实我也和你一样经历着同样的事情啊。"

小学我是一个很内向的小孩，老师为了锻炼我，让我代表班级参加诗歌

朗诵比赛。

那是我第一次登台，我攥着小手，战战兢兢地走到台前，礼貌地向评委席鞠了一躬，在我准备开口的时候

我已经紧张的把内容全忘了。

台下一片安静，同学和老师都注视着我，而我连看他们的勇气都没有，我就极度焦虑地望着天花板，这期间我一直在想怎么办？再想不到老师一定会生气啊。我也一定会很丢脸。

况且想不起来的话，我喜欢的那个姑娘也会对我失望吧。

这种思想斗争足足持续了三分钟，我被主持人尴尬的请下场。

我下台的那一瞬间，浑身都湿透了，我发誓以后再也不上台，我觉得此时台下的同学只要在说话，一定是在讥讽我：

"他笨的上个台连话都说不了。"

最重要的是，我认为自己已经彻底失去那个女孩的青睐了。

回到学校，每当我看到有两个人在我旁边哈哈大笑或者他们在我耳边低语，我都会觉得那是在嘲笑我

并且如果上课的时候，老师看都没看我一眼我就会觉得老师她已经决定抛弃我了，特别悲伤。

两个星期后，我终于忍受不住这种压抑的气氛，向老师解释，在班会课上当着大家的面郑重道歉，

然而当我向老师和同学提及这件事情的时候，他们却惊讶地讲："如果你不提，我们估计都忘了呢。"

听到这句话我有点庆幸，庆幸大家根本没有那么在意，

但是过了几分钟我觉得自己又有点丢脸，为这么一件大家都快忘了的事情痛苦了两个星期，甚至差点放弃了自己。

[2]

生活中有这样一群人，他们经常在聚会中沉默寡言，默默地坐在角落里，好像他们时时刻刻都在反思自己。

别人找他聊天他也是礼貌性地回答，但是很难走入他们内心的真实世界。

虽然有时他们会突然间得让人捧腹不止，但其实在逗乐别人的同时他们对别人的评价也非常在意，

他们会因为说错一句话而自责很久，也会对自己产生怀疑。

就好像别人扔给他一个松果，他能脑补出一个冰河世纪。

说起来也奇怪，他们不仅在热闹的人群中拘谨而不自然，

似乎也对孤独的生活感到无聊和沉溺，他们也想彻底摆脱这样的困境，但几次挣扎的失败他们不得不选择放弃。

那他们到底应该怎么办呢？这个时候我就得讲讲我的表妹了，一个寒暑假永远在独自旅行的姑娘。

有次暑假我给她打电话：

"你一姑娘家独自去旅行，不觉得孤独吗？"

"孤独啊，但是孤独多好啊，想去哪里就去哪，也不用顾忌其他人的感受，在路上可以尽情地认识自己喜欢的朋友，所有时间全部都是我自己的，多充实开心啊。"

"那你现在在哪呢？"

"我在泰国呢，刚才在飞机上认识了几个和我一起去普吉岛的妹子，我们现在在宾馆玩着狼人杀呢。"

"什么！人家同意和你一块住了？你是怎么和她们聊起来的啊？"

"我就说，我也是去普吉岛的啊，要不咱们一起玩呗！然后大家就聊起来了，越聊越欢，最后我就跟她们住一家宾馆了！"

她呵呵地傻笑着，而我则有点吃惊，我心想：要是当时是我的话，我肯定不好意思开口。

我是既怕被拒绝会掉面子会特失落，又担心别人会怀疑我心机叵测，图谋不轨，最重要的是我觉得自己也不是很优秀，不一定能配得上她们的品位。

然而我这个表妹就不一样了，她敢把她所有真实的想法都表现在她的喜怒哀乐里，高兴就趴在地上咧嘴大笑，难过就撅着嘴做各种嫌弃的表情，从来不在意别人怎么想她。

"其实我挺羡慕你可以毫无顾忌地做自己喜欢的事情。"我想了一会儿跟她说。

"一个人成熟的标志之一，就是明白每天发生在自己身上的99%的事情对于别人而言毫无意义啊。"

没想到这丫头天天傻了吧唧的，仔细想想她的思想好像比我还深邃。

的确别人并没有我们想象中那样，那么在意我们，顶多是其他人偶尔看了一眼就接着忙他们自己的事情了，

而我们则一直沉浸在喜不喜欢啊，丢不丢脸啊，别人会怎么想我啊这种只会自己觉得尴尬郁闷难过的事情里。

我现在才意识到，其实我们终其一生，都是要摆脱别人的影响，找到真正的自己。

[3]

我在豆瓣上曾经听过这么一个悲伤的小故事：

"20岁的时候，我以为全世界都在看我，我就是宇宙的中心，

40岁的时候，我想可能还有一群人喜欢我，我不肯放弃，

60岁的时候，我才真正接受，真的没多少人在意我，我有点后悔，这个时候才开始活出自己最真实的模样。

我这辈子犯的最大的错误，就是花费时间去在乎不怎么在乎我的人。"

其实我们都无法做到让大家都喜欢我们的，我们无法做到完美，所以评价一个人我们只需要看他在面对那些不喜欢的人时，真实的有多精彩就足够了。

村上春树不是说过这么一句话么："不管全世界所有人怎么说，我都认为自己的感受才是正确的。无论别人怎么看，我绝不打乱自己的节奏。喜欢的事自然可以坚持，不喜欢怎么也长久不了。"

我其实知道你有时也和我一样，特别特别想做成一件事情或者想成为一个什么样人。

但可能我们会被那些喝着啤酒撸着串，时不时给你说几句大道理的成年人；那些在暗处等着看你笑话的同学；或者是那些在大赛上彻随意否定你的评委阻碍了我们前进的方向。

现在啊，我们不要再管他们了，我们只需要想的是，我真的喜欢吗？我真的热爱吗？如果答案是肯定的，那就试试看好了，在还年轻的时候，多一些信仰，少一些欲望，没有什么是比这更美的了。

不管你是想成为一名流浪在丽江的文艺女青年，还是成为《极限挑战》的导演，制造一个个惊喜的瞬间。

尽管试试看吧。

这些所谓的人生哲言，爱情宝典，心灵鸡汤，这种动动嘴皮子的事情都不能帮助你接近幸福，找到可爱的另一半，或者事业上彻头彻尾的成功。

因为不同的经历造就不同的人生，那些大人们的成长经历塑造了他们，

而你的经历才能成为你自己，别人的话没用。

自己的人生是用自己的欢笑和泪水走完的，所以当我们忽视一些的时候，可能敏感就会减轻一点。

敏感的孩子的确会感受到这个世界更多的痛苦，但我也相信当我们走出来的时候，也会更多地发现这个世界的温柔和精彩。你说是吗？

{ 带着信念 去生活 }

这世上，悲观的人很多。他们总觉得，凡事往坏处想，才会对坏事有应对能力，才不会遭遇突如其来的打击。这当然有道理，但这个悲观，应该建立在客观的基础上。事实上，大部分人是过于悲观了，而正是由于这份悲观，导致了坏结果。

其实，一个人能不能过得好，一定程度上取决于他相不相信自己能过好。因为相信是有力量的。你相信自己是什么样，你就很可能活成什么样。

[1]

初中时，我和父母去一个远房姑姑家串门。姑姑家境不太好，我们一进门，她就讲起了烦心事：姑夫醉酒后骂她，大儿子该订婚了但她家根本付不起彩礼，二儿子初中毕业一直没找到合适的活干，家里穷得年三十儿的饺子都没舍得放肉，打三个鸡蛋凑合了……

我看着姑姑一脸悲苦，心里特别替她发愁，几乎掏出压岁钱来给她买肉包饺子。这份愁，一直印在我脑海里好多年。直到去年，我妈有次告诉我：你姑姑的房子拆迁，补偿了三百万，现在她可有钱了。我莫名觉得心里一块大石头放下了，欢快地说：太好了，这下姑姑可美了吧？妈妈摇头：也没有。

没多久，姑姑来我家串门，脸上没一点喜气，还是写着一个大大的

"愁"字。坐下来，她还是诉苦：两个儿子为了钱打架；姑夫把钱借给了不靠谱的人；大儿媳妇平白给了娘家三万块；二儿子投了四十万做生意，也没看到赚回来多少……总之，虽然吃上肉了，但吃得一点也不香。

我听着，又开始替她发愁，只是又隐隐觉得不应该愁。后来我妈跟我分析说，其实姑姑家以前也没那么苦，但她好像就那样的心态，就是觉得日子过不好。比如以前她说付不起儿子的订婚彩礼，其实他们最后没给多少，也照样把媳妇娶进门了。说年三十的饺子没放肉，其实她买得起，只是舍不得放。当时她家俩儿子都成年赚钱了，日子还是说得过去的。

还有这次，她说二儿子投了四十万的生意，刚开始做，当然不会马上有太大盈利，赚钱的时候还没到呢。姑姑就是太悲观太没信心，总觉得什么事都没好结果。不是日子真的苦，而是姑姑心里认定了日子就是苦的。不是真过不好，而是她发自内心地相信不会过好。于是本来不苦的日子，也过得分外愁苦了。

一个朋友说：有些人，有钱没钱都过不上好日子。可能真是这样。如果一个人对生活的心理预设就是"苦"，对所有事情的预期都是"坏"，那么就算日子不苦不坏，他也必然会沉浸在愁苦里。

[2]

曾经有个"高富帅"的男同事，是典型的花花公子，女朋友嗖嗖地换，换得我们眼花缭乱。

有次我问他："这么多姑娘，就没有一个是你特别满意，想跟她长久交往的吗？"他说："没有，因为总是相处没多久就发现她们根本不爱我。"我说，"不是有个高个子姑娘对你很好吗，你都又换好几轮了，人家还给你买礼物，还哭着给你打电话，我觉得她对你是真爱。"他说，"你真逗，这世上哪有真爱啊，她找我就是图我钱，我心里明镜似的。"

这个玩世不恭的家伙，到现在还没结婚，我想他是还没有遇到真爱。可是，一个不相信真爱的人，会遇到真爱吗？恐怕遇到了，也会觉得对方是图他钱、图他帅，于是并不珍惜，也不做长久打算，然后受到轻慢的姑娘就受了伤，不得已收回真心，忍痛撤退。

你不相信她爱你，她最后就真的不爱你了。

[3]

以前看过关于狼孩的故事：人类的幼儿，被狼掠去抚养，于是就养成了狼的习性，白天睡觉晚上活动，怕水怕火怕光，不吃素食，吃肉也是放在地上用牙齿撕开吃，每到午夜就像狼一样引颈长嗥。就算后来回到人群中间，狼孩的这些习性也很难改变。因为他骨子里就相信自己是一只狼，就应该像狼一样生活。

虽然他本质上是一个人，但他不相信，自然也就没办法活得像个人。我想，可能世上很多人也是这样，因为错误的"相信"，而活成了不该成为的样子。

一个能力很强的人，因为相信自己是弱者，就照着弱者的方式生活，最后真的成为弱者。一个很有才华的人，因为相信自己平凡，才华得不到提升和展露，最后就真的变得庸常。

[4]

很多时候都是这样：你相信什么，就会看见什么，就会遇到什么，就会成为什么。

你相信日子过不好，日子就很可能真过不好。你相信世间没有真爱，就很可能遇不到真爱……你的相信，未必一定应验，但常常对结果有重大影响。

你相信一株花会开，就会愿意悉心浇水施肥，最后它可能就真的开了。你相信这花不会开，就懒得管它，任其自生自灭，最后它可能就真的开不成。

你相信一份工作有意义，就会尽职尽责、全力以赴，就比较容易获得收益，这工作就真变得有意义。你相信这工作没意义，就潦草敷衍、三心二意，于是赚不了多少钱，也得不到提升，这工作就真没意义了。

事情的结果通常都不是注定的，有无数可能性，关键在于你朝哪个方向走。而你的认知决定了你的意志，你的意志又指引着你的行为，你的行为就决定了你的生活。

因此，如果你想要得到什么，只要是现实可行的愿望，就应该相信自己能得到。你的信念应该与愿望保持一致，这样才可能心想事成。所谓信心，就是一颗相信的心。它会给人勇气，给人力量，给人耐心。

所以，我们要尽量去相信美好的东西——相信真爱存在，相信生活很精彩，相信他人的善意，相信自己的能力，相信努力有意义，相信事情会变好，相信幸福会来敲门……

这些美好，你越相信，就越接近。

我们都会变成
那个自己喜欢的人

不久前参加同学聚会时，老班长问过一个有点哲学化的问题：你怎么评价你自己？对此大部分同学都回答得比较谦逊，对自己表示不满者居多。而我的回答却比较自恋：我说我对自己挺满意，很喜欢现在的自己。

说这句话的时候，我能感觉到自己内心深处的激动，甚至还涌动着一丝骄傲。之所以如此，并不是因为我取得了多么了不起的成就，或是拥有了令人羡慕的物质财富，而是因为，我终于变成了一个喜欢自己的姑娘。

几年前我从一所二流大学毕业时，还是一个讨厌自己的姑娘，我披着自卑的外衣，视野里全是自我的平庸，动辄就情绪低落，对未来的不确定充满恐惧。而现在的我有自己的梦想和想法，不太被他人的意见和外界的环境所打扰，内心坚定，平和喜悦，套用一句流行语来说就是：我变成了一个气场强大的姑娘。

这种变化给我带来了不少好处，比如活得更真实了，能正视挫折与伤痛了，也变得积极坚定，充满勇气，喜欢自己选择的生活方式并能从中体悟到乐趣。而这一系列的改变都来源于人生里的三种尝试：

[第一课：接纳]

初入社会时，我总是害怕受到排斥，最大的恐惧就是别人不喜欢自己。所以我努力牺牲原来的生活习惯去融入集体，一直被从众心理牵着鼻子走。

我自小五音不全，唱歌跑调是家常便饭，但K歌却仿佛是社交必修课，为了和同事们打成一片，我花了很多时间练习新歌，但还是在KTV的热闹氛围下紧张过度唱跑了调；我不喜欢上社交网站，但朋友们个个都有开心、人人的账号，时不时喜欢秀一把心情，我只好也赶趟儿登录上去，机械化地同大家互踩。在这样的努力中，我总是感觉自己的"很不够"，体悟不到一丝一毫的快乐，更要命的是我已经这么努力了，周围的人好像还是不太喜欢我，我仿佛一直处在一个小丑的位置上，觉得生活糟透了。

但后来我明白了：首先得跟自己好好相处，才能论及他人，可是从前我却从来不肯接纳自己。所以我试着寻找本然的自己，去接纳自己的真实感受，不再勉强自己去做那些不擅长的事。这时候我才发现，自己是安静、内向，却不乏智慧的。我开始顺着自己的天性做一些让自己喜欢的事，悄悄地愉悦着自己，慢慢地却发现，自己的号召力和人缘都已经好过从前。原来悦己才是悦人的先决条件。

慢慢地我发现，小众化不一定意味着受排斥，虽然我从此不再参加K歌活动，不上人人网，但我有自己同他人的相处方式，一样做得游刃有余。在这个微博泛滥的年代，我坚持写博客，业余时间用来阅读和旅行，交到的朋友也越来越多，且没有给周围的人留下不合群的印象。更重要的是，我愉悦了我自己。

[第二课：专注]

每一个对生活充满期望的年轻人，都有自发自觉提升自我的愿望。但怎么提升自我？学习当然是最好的途径。学习专业知识、阅读有营养的书籍、锻炼心理承受能力、学一门外语、聆听名校经典课程……在资讯无比发达的现代社会，用最低廉的成本来充实自己的灵魂与大脑已经不是一件难事。你不可能做齐你想到的每一件事，不过如果能将其中的任何一项坚持下去，人生都可能因此变得不一样。

我曾试图看完名家推荐的每一部经典大片，利用假期时间学一门小语种，每月读20本书，坚持练笔……但没多久我就开始懈怠，因为能量被分散了，任何一种尝试都收效甚微。

对策当然是删繁就简，摄心一处。从前我读庄子时好生羡慕，书里个个都是深藏不露的高手，一个厨子能把杀牛的粗活做成艺术表演，做钟架的木工交出的作品鬼斧神工，还有什么捉蝉的驼背老头啦、潜水的吕梁丈夫啦，人人身怀绝技。我像看杂耍一样大开眼界，然后感叹：古人真牛啊！

后来读的次数多了，也渐渐悟出了一点道理。这些人之所以能将技艺练得炉火纯青，靠的不是所谓的技巧，而是精神长久的高度的集中，用庄子的话来说，就是"凝神于心，用志不分"。心上没那么多分神的事儿，专注对待自己所从事的活动，做不好才怪！

相比之下，现代人的世界则纷扰得不得了，什么都要抓，却什么都抓不住。动辄就讲究技巧，恨不得时刻都遇见捷径，不费吹灰之力就摘到最好的果实。这种心态本身就是畸形的，反而是《卖油翁》里那个老汉的一句话比较中肯："无他，但手熟耳。"

于是我开始把这话当作自己的励志格言，先不考虑技巧方法，只是沉下心把一件事做熟，也果然看到了小小的成绩。意外之喜是学会了专注做事后，我发现生命变得更有质感，用心坚持的时候那种叫空虚的东西已经荡然无存。

[第三课：关注积极面]

励志书里总是教我们，要关注自己想要的，积极的东西，忽略自己不想要的那部分。这话听来很有道理，因为如果持续关注事物的消极面，事情很有可能花明变柳暗。但怎奈可恶的思维定式不允许我们这么做，总是试图将人们推入担忧、恐惧、愤怒等消极情绪。

我也一直是个爱担心的姑娘，做事时喜欢患得患失，会习惯性考虑做糟了怎么办。我恐惧的东西也非常多，比如贫困、疾病、各式各样的误会和不幸。还有看到他人五彩缤纷的小幸福时，我会下意识产生比较情绪，然后自怜自艾的心思就开始飘满心头……

这都不好，我知道。但我还是固执地认为如果考虑到了那些较坏的可能性，事情真的变坏时就不会那么难过。如果刚好自己走运事情没变坏，就可以享受劫后余生的喜悦。

直到后来在书上看过一句话：你知道你的担忧和恐惧浪费了多少能量？如果你能将这些精力和能量都用在并发解决问题的创造性思维上，你的世界将会发生怎样的改变！

看了这句话，我突然觉得自己应该做些改变。于是我开始下意识提醒自己不去抱怨，遇事先考虑积极面，寻求解决办法，摆脱那些无用的消极情绪的纠缠。

开始的过程很辛苦，毕竟同固有思维做斗争不是一件容易事。但后来我居然成功了，而且更意外的是我突然发现，丢弃了那些消极思维我竟然没有半点损失，只是变得更有行动力了。

就这样，因为上述的三种尝试，我得到了净化过的、较为美好的人生体验。这让我更确信了自己的认知，那就是一切改变都源自于心灵。这句话对大多数人来说并不陌生，但我还是想告诉和当初的我一样的年轻人：只有当你无比认同并努力实践一条经验时，它才会真正为你所用。

{ 把人生的标准 定得高一点 }

第一次去台湾是在几年前，那时住的酒店下面有一家卖炸鸡排的小摊位，令我印象深刻。

老板是个满脸络腮胡子的大汉，开口却是标准的台式软糯腔。主动跟我聊天，最常说的一句话是："我的店一定要成为全台湾最好吃的鸡排店。"

起初我并没在意，可后来经常看到他拿着本子在写写画画，说是最近新调配的鸡排腌制秘方。还听到他对店里的员工训话，大意是最近的九层塔不够新鲜，鸡肉还可以拍打得更松软之类。

我说："至少这附近的摊位我都吃过，觉得你家是最好吃的。每天生意也不错，应该知足了。"他表示感谢，但言辞凿凿："我不会知足的，我就是要做出全台湾最好吃的鸡排。"

过了几年，我再去台湾，恰好又住那家酒店。刚进街口就震惊了，有一条长长的人龙从街里排出来。路人告诉我，这里有家鸡排店特别好吃，每天如果不来排几小时队都吃不上。我走到最前面，果然是那家小摊位，居然已经盖起了一家不小的店面，干净整洁，鸡排的香气半条街都闻得见。

我恭喜老板生意越做越好了，他呵呵地笑："还不够，现在只是这个区最好的鸡排店，离最终的目标还很远。"他的语气一如几年前的斩钉截铁。我买了一大包鸡排，然后由衷地祝福他。无论他最后会不会做成全台湾最好吃的鸡排店，我相信他永远会是一个成功的生意人。

去一家街头篮球社团做采访，有个球员很矮，但长相很萌，个性可爱，记者们都很喜欢他。他跑来跟我聊天，忽然问我："姐姐，你说我还能再长高吗？"我认真观察他的模样，瘦瘦小小的。对一个篮球运动员来说，不到一米七的身高实在有点太矮了，而且他不再是少年，已经很难再发育。

我不忍心打击他，拐弯抹角地劝说："身高并不重要，你这么聪明，将来无论做什么事情都会很成功的。"他摇头说："我一定会长高的，将来我要进入NBA，成为中国的乔丹。"

有缘的是，去年我们在一场篮球比赛中再度重逢，他居然还记得我，开心地跑过来。站在我面前的他并没有长高，但却不再瘦弱，皮肤黑了也更健康了，浑身散发着阳光与朝气。他跟我报喜："姐姐，我入选了市队，家里人都特别开心！"我忙道恭喜，顺口逗他："还是想进入NBA？"他点头："对，中国的乔丹。"

我知道，无论任何一个成熟的人以理性思维分析，面前的青年都不会再长高，也很难进入NBA，成为乔丹更是遥不可及。但那一刻我完全不想否定他，并且清晰地知道他注定拥有灿烂的未来。

这绝不是好高骛远，而是一种奇妙的信念笃定。

某次与大学生朋友座谈，我提到了一个观点，即"梦想总有实现的可能"。当时就有女孩子站起来反对。"我不同意，起码我的梦想没办法实现。"她很大胆，坦然道："我想嫁给王思聪，这根本就不可能。"大家哄堂大笑，我也忍不住笑。还有凑趣的男生在一旁喊："我想取代奥巴马！这也不可能！"我等他们笑得停了，问那个女生："你学什么专业的？""艺术。""那现在改修金融或者企业管理还来得及。"

我说："如果你想嫁给王思聪，首先第一步要改修与他的事业相关的专业，毕业后进入万达集团，通过努力证明自己，逐渐向他靠拢。如果你不够美，就通过手段来让自己变美；如果你不够聪明，就通过学习来让自己丰富。"

我转头又看向那个男生："如果你想取代奥巴马，首先要把英文学好，考过托福，进入著名高校攻读法律，然后毕业留在美国成为中坚力量，如果可以还得改换身份从政，学会政客的圆滑。当然出于爱国角度，我不建议你这样做。"

女生张大了嘴巴，男生一副难以置信的表情："虽然听起来头头是道，但如果做到这些还没有成功呢？"

我笑起来："如果真的做到了这些，哪怕只做到了一半，你还会那么期待嫁给王思聪、取代奥巴马吗？"

在我们所受的教育与所处的环境里，大部分时间会听到相似的话：年轻人要踏实，自不量力会摔得很惨。不撒泡尿照照自己，心比天高命比纸薄！

然而他们从不会告诉我们，固然那些不知天高地厚的梦想难以实现，但把目标调整到触手可及的谨慎人生，并没有过得多么轻松滋润。

梦想是枝头唯一的果实，看上去高不可攀，摘下它的当然不一定是你。然而与裹足不前、偏安一隅、白首方知悔恨相比，你选择哪一种结局？

伸手摘月，未必如愿，但也可能摘到星星或明灯。更重要的是，起码天空不会弄脏你的手。把人生的标准定得高一点，是信任自己并对命运负责的最佳体现。

与其羡慕别人的人生，不如去超越他

前几天，听了一场讲座，一位商界人士分享了他的创业故事。他现在已经成立了三家公司，一个搞电商，一个做互联网，一个搞传媒。

整场讲座中，大家不仅折服于他事业的成功，而且震惊于他开阔的视野以及幽默又务实的风格。听众里不时发出了许多赞叹声。讲座结束，很多粉丝赶快围上去，感慨、人生、建议之词不绝于耳，每个人就像把他的人生作为丰碑一样，不断向其取经。

同行的小伙伴也说道："他好厉害，好羡慕他的人生，好精彩，好成功。"

而另一位小伙伴却说："与其花时间去羡慕别人的人生，不如用时间去超越他。"

突然受到他们对话的启发，发现我们真的花了好多时间去羡慕别人的人生。其实，真正的成熟或许就是不再羡慕别人的人生。

[1]

我们是社会人，我们的眼睛有选择性。我们常常看得到漂亮可爱，看不到普通一般；我们看得到英俊潇洒，看不到路人甲乙丙丁；看得到胜利的果，却没看到浸透着奋斗血泪的芽。我们看得到成功，且放大成功，却对失败与弱者的关注少之又少。

看到了别人的创业成功，心生羡慕，但是却不知在成功之前，他们走过一段怎样的岁月？

听说那个开讲座的商界人士在创业成功之前，经历了好几次失败。几个合伙人曾经因为决策失误，把赚的几千万全部赔了进去，还欠了别人几百万。几个小伙曾一无所有，坐在银行前的台阶上迷惑人生，但是他们没有放弃，借钱从头来过，才有了今天的成功。

人生的轨迹就是这样，一点点没有坚持住，就可能会是完全不一样的结局。我们看起来美好如初的城堡，曾是别人一路披荆斩棘建造而出。我们羡慕的别人的人生，可能就是我们不能走、不敢走，而别人努力奋斗之后才获得的人生。

[2]

前段时间，电视剧《欢乐颂》红遍网络。谈及五个主人公，很多人最羡慕曲筱绡，有钱，任性，有话就敢说，不爽就敢骂，活得肆意潇洒。她这样的人生，的确让无数人羡慕不已。

生活中也不乏像曲筱绡这样的人。我认识的一个人，富家女，潇洒的人生不需要解释。在别人还在为学业忙碌的时候，她却在山吃海喝又旅行；在别人还在为工作挤破头的时候，已经有好几份工作在等着她挑选；在别人还在初出茅庐、素面朝天之时，她已经妆容精致，用着大牌奢侈品。

多少人羡慕她一出生就开挂的人生，那是一种将自己的生活快进几倍也赶不上的日子。多少人认为她就是上天的宠儿，那是一种祈祷不来的幸运。

和她相熟后，我才知道，她虽然有钱，但是家庭却并不幸福。父母离婚，且各自重新成家，出于对这个孩子的亏欠，两方都没有在经济上亏待过她。她很有钱，但是她觉得自己没有家，回哪边的家，也都不是自己的家。别人羡慕她的人生，她可能同样羡慕着别人平淡如水、其乐融融的生活吧。

[3]

你有没有花时间去羡慕别人？我承认，我有。

小学二年级，我们班上课很吵，当时我们的班主任语重心长地跟我们讲道理。她对我们说："你们再这样玩下去，将来要做什么？你们的家庭可以一直供养你们吗？"我们集体都不敢说话了，她接着说："你们家里比较有钱的，可以举个手。"可是，没有人举手，因为我们大都来自极其普通的家庭，于是班上刚刚的热闹变成了长久的平静。

后来，一个男生慢慢举起了手。那是第一次，我特别羡慕别人的人生。为什么我的家庭、我的父母，没给我提供一个可以举手的机会呢？

长大一点，看着电视里同龄的孩子能歌善舞多才多艺，才知道世界上有一群人，他们过着我未曾设想过的生活。那些从小培养起来的爱好、兴趣、才能，甚至是眼界，从来就不是我这种普通家庭可以负担得起的人生。

后来跟好友聊天，他说他很羡慕我，羡慕我坚持着自己喜欢的事情，生活有计划、有规律，家人温暖，好友众多，生活都是满满的正能量。

我这才发现，那些我曾羡慕的人生，是我生活的遥不可及；那些我曾经不愿接纳的生活，却是别人的求之不得。

[4]

随着年龄的增长，那个小时候不断羡慕别人的自己，开始转变。对世界了解越透彻，就越知道没有谁的人生真的可以肆意一辈子。看的书越多，就越知道，福祸相依，生活就是无数的大风大浪，再走向平平淡淡。走的路越远，就越会发现，再多的钱比不过有一条可以回家的路。

真正成熟的人，他会知道：任何人的光鲜亮丽，必有他该面对的艰难险阻；任何人的潇洒人生，也有着难以言说的苦楚；任何羡慕之谈，或许不过是对自己不能重塑的人生的向往。

就像小时候在学校，"好学生"羡慕"坏学生"不用那么努力，"坏学生"羡慕"好学生"可以得到很好的成绩，而"不好不坏的学生"羡慕着这两种人都可以得到老师的关注。

但是，何必羡慕他人呢？你也有你自己的生活啊。

每一个不曾起舞的日子 都是对生命的浪费

朋友A是一个"富二代"，1987年的，父母做建材生意。私立高中毕业以后就没有找工作，抽着"中华"开着"保时捷"纸醉金迷，游手好闲的晃悠了几年，2013年的时候娶了个模特，据说也是奉子成婚。

前几天在商场碰见他了，寒暄了几句，聊到他现在的生活——即使结婚成家了，也依然是泡吧、飙车，唯一的正经事儿，就是偶尔会客串一下他爸的司机。

我觉得，他"死"了。

朋友B也算家境殷实，1990年生人。父母工作在国际大型企业，拥有VP以上职位，他的人生，早在童年就已经被整齐地规划好了。

毕业那年，在某次饭局上，面带微笑地和某个叔叔吃了个饭，说了几声"谢谢"，几句客气话，然后就堂而皇之地进入了名企得到了一份薪水不菲却十分清闲的岗位。

靠着父母留下的福荫，他没做任何的努力，就过上了安逸的生活——不停地换女朋友，每天的生活就是白天喝喝茶水看看报纸玩玩儿手机游戏，下班了就跟朋友喝喝小酒，打打麻将。

我觉得，他也"死"了。

生活单调乏味，没有目标，这大概算是一种毫无意识，只想着进食的行尸走肉吧。

不过A和B是幸运的，父辈的努力让他们可以用富贵的"死"法，"死"在了安逸，但我们中的大多数人没这么幸运。

25岁的时候，我们大多过着迷茫的生活，怀疑人生又不知所措——

对未来的十年要做工作、住在哪儿、和谁在一起，什么时候才能不用数着发工资的日子过生活，什么时候才能还得清信用卡，不确定要摸爬滚打多少年才能获得一份自己喜欢，体面而又有意义的工作，会不会有一个幸福的家庭，这个家庭能不能长久…

带着这份迷惘，找了一份差不多的工作勉强糊口，找了一个差不多的对象凑合过日子，不再奢求理想，每天重复着过往机械的生活，日复一日，年复一年，直到死去。

我们中的大多数，"死"在了25岁，"死"得糊涂，"死"得憋屈。

以前在报社的时候，我曾经采访过本地的一位成功的85后女性创业者，聊到她为什么会放弃当时很多人挤破头都抢不到，一份收入不菲又稳定体面的工作，选择创业这条未来会存在很多变数，又非常辛苦的路时，她给我的回答至今都对我影响很深：每当闲暇的时候，她都会问自己一个问题——如果像现在这样地生活下去，你三年后会在哪？如果答案不是你喜欢的，那现在就该做出改变了。

我记得美国一位叫Meg Jay的临床心理学家曾经说过一句话"处在二十几岁的好处同时也是坏处就是：你所做的每个决定都将改变你的余生。"

是啊，25岁是一个重要分水岭，因为人生中8成以上的重要决定，都出现在这期间：跳槽，工资增长，结婚，大脑也在到达成年发展期后，结束了最后一次的急速增长。

30岁以后，就不可能再像20岁一样了——就算你什么也不做，不做任何选择本身也是一种选择。

不想"死"后懊悔："我二十多岁的时候到底在干些什么啊，我当时是咋想的啊！"也许我们就需要做一些改变了。

不被过去不了解或者没做过的事情所限制，试着重拾儿时的梦想，试着在感兴趣的领域重新寻找一份工作的机会，试着和一个与你上次的糟糕对象不同的人约会，试着掌控自己从而表现出一点点不同。

当然，也不是说过了25岁，"死"了就来不及改变，就要放弃自己的梦想。就像短片《雇佣人生》彩蛋部分的一段话所说的：

有一件事是真的：有一天你会走向死亡。

但有一件事是假的：人的一辈子只能活一次。

据说，每个人从零开始到成为一个领域的专家，需要7年的时间。

如果你能活到88岁，在11岁之后，你将有11次机会成为某个领域的专家。

不管你是稚气未脱，抑或已经白发苍苍，你都有机会让自己活得不一样……

与世界
优雅相处

如果你可以飞，
为什么不展开翅膀，
回归你该在的地方呢？
打破生活，
把时间用在梦想的路上。

{ 坦然面对自己的情绪，从敢于表达愤怒开始 }

[1]

之前跟合作伙伴闹别扭，很多小伙伴替我鸣不平，这么让人生气的事怎么可以就此罢休？我的确没有罢休，当天把工作任务完成，第二天沟通清楚，消除了彼此心中的怒气，以后可以继续合作了。

很多人想知道我是怎么沟通这件事的，因为我们都遇到过类似的情况。跟家人生气，跟恋人吵架，跟朋友一言不合就冷战，生活中真的有太多事情容易激起我们的愤怒，一旦这种情绪冲上头顶，第一反应就是想发脾气。

我绝对不会告诉你退一步海阔天空这样无用的心灵鸡汤，毕竟有时候退到世界边缘也没什么卵用，你的愤怒还在，你们的关系可能随时崩盘，息事宁人只是一时，委曲求全持续不了一辈子。我绝对理解这种愤怒，也绝对支持你去表达，但你一定要明白为什么你会愤怒，你又该如何表达愤怒。

我在生活里遇到过包子性格的"老好人"，好像遇到什么尴尬的场面对他们来说都不算事，被人指着鼻子骂都能赔笑脸，但你要是愿意听他敞开心扉打开话匣子，你听到的绝对是各种苦楚和不易。因为不会表达自己的不满和愤怒，它们就变成一条苦海，覆没掉一个人全部的棱角和底线。

愤怒就是底线和原则的刻度，当我们感到愤怒的时候说明我们被触碰到了内心的一条警戒线，跨越过去将会侵犯自我，所以，愤怒正是一个信号，提醒着我们需要一种保护。

[2]

一个师弟在国外读研，被同门抄袭了毕业论文还提前交稿，他差点因此无法毕业。我说这个人太过分了，真是让人生气。他反问我，愤怒有什么用呢？它变不成毕业论文啊！的确，愤怒无法转化成一个你想要的结果，但放弃愤怒意味着你放弃了底线，放弃了保护自己的权利。下一次，再遇到类似的事情，你依然会妥协，假装潇洒说没事。

长此以往，你会模糊了你的原则，变成一个可以任意被人挑战和侵犯的人。所以，愤怒虽然听上去跟豁达和包容相悖，但它的积极意义在于它保护我们远离那些可能会伤害我们的人和事，让别人知道你的底线在哪里。

当然，如果你本来就是一个可以逆来顺受不断调整自己底线的人，你可以看起来很淡然很豁达，不需要愤怒，这样无需多言。最怕的是大多数人应对愤怒情绪的方式，就是悄无声息的压抑在心里。

[3]

我们从小到大就被教育要有涵养、有城府、不喜形于色、要平和处事，这些刻板的要求锁住了我们表达的欲望，尤其是对于那些负面的情绪，我们会习惯性的压抑。堆积久了的愤怒就像房间里的垃圾，会散发酸腐恶臭，污染你的内心。别以为它们可以自己清理自己，愤怒会以别的形式或者通过别的渠道散发出去。

在公司跟领导生了闷气回家便跟自己的家人发脾气，跟伴侣闹矛盾会迁怒于孩子，更甚者像我们常在社会新闻里看到的那些人，莫名其妙举起凶器刺向陌生人。这都不是简单的情绪爆发，背后一定是积压了很久的对他人和生活的不满和愤怒。所以，一个智慧的、心理健康的人一定是敢于表达愤怒、消化愤怒的人。

其实，愤怒虽然很容易被感知，看上去像一种很核心的情绪。但是，愤怒不过是一种外显的表象而已，在愤怒之下，还埋伏着更为本质的感受。

由恋人出轨引起的愤怒是因为我们被伤害内心觉得自己可怜，被领导指责引起的愤怒会让我们感到自己很没用，这些愤怒之下都是挫败和无力，是跟真实自我相关跟紧密的自我认知。因为自己的价值和尊严被毁坏，我们需要把这些指向内在的感受牵引向外，试图在这个过程中夺回被剥夺的部分，可以说愤怒是我们保护自己、重新建立自信和自尊的一种方式。

[4]

所以，表达愤怒于自身而言是一种合理的需求，我们在表达过程中疏通负面情绪，也可以避免加深内心的自责和羞耻。虽然这是我们可以很容易理解的方式，但表达愤怒的障碍还有一部分来源于担心它会影响别人对自己的印象以及破坏人际关系。

别以为忍气吞声就一定会换来别人对你的好印象或者和谐顺畅的人际关系，一方面你的愤怒没有消解就一定会以其他方式作用于生活当中，有可能因为积压的愤怒你不愿积极跟对方沟通、相处，关系自然会疏远或者引起更深层的矛盾；另一方面，多次的压抑会让对方误解你的底线，不断侵蚀你的利益，把你当作一个软弱无能的人。

正确合理地表达愤怒，其实更有利于关系的加深，让双方建立起以真诚和尊重为基础的真实有效的人际关系。

1. 一定要注意表达时的语气

沟通的时候，我们不是仅仅只听对方说了什么，也会从语气中判断对方的态度。原本是对方犯错惹怒了你，但很有可能因为你的表达过激反而让自己处于弱势。话要好好说，才会有人听。别因为自己站在更有利于舆论的位置就抬高语调、大声斥责，这样不够体面，往往还会进一步激惹对方，把沟通引向争吵。

2. 先说一句能拉近彼此距离的话

闹矛盾不意味着全面否定你们的关系，朋友还是朋友，恋人也不能一言不合就分手，在表达之前先用一句贴心话拉近距离，会更容易让对方放下防御，也能能促使对方换位思考。

分享一下上次我跟合作伙伴的开场白，"两年来，我们一直都是互相支持的合作伙伴，你也是我非常重视的朋友。"

其实这句话跟我表达的内容并没有什么直接的关系，但因为这一句话，他能明白我依然把我们曾经愉快的合作经历以及我们深厚的感情放在了前面，我没有忽略他的付出，而我接下来要说的话都是为了我们能更好的合作。

这句话的变体也包括先肯定对方的优点，比如"你一直很关心我"，"你是一个通情达理的人"等等，说这话的同时不仅关照到对方的感受，也是无形中平复了自己的情绪。

3. 讲感受而不评价

我当场见识过很多争论，最开始都还能心平气和地沟通，可一旦有一方先甩出对另一个人的负面评价，接下来都会无一例外的陷入争吵。你一定要明白的是，你愤怒的是这个人在这件事上的做法和态度，而不是他整个人都让你厌恶。如果你在表达愤怒的时候也否定了对方，这会让你们都忽略问题本身，而陷入无休止的人身攻击。

"你就是个不考虑别人感受的人"、"你太无耻了"、"你有病吧？"类似的负面评价都不要说，真正伤感情的不是愤怒，是你的彻底否定和攻击。

你可以试着讲你的感受，因为对方做的事让你感到伤心、难过、委屈等等，情绪会传递，会让对方更有可能感同身受，相比直接告诉对方"你错了"讲感受才是让对方真正认识到自己错了的有效途径。

4. 不追溯过去

我的一位闺蜜因为男朋友爽约还理直气壮看电影而生气，她描述了他们争执的全过程，最后讲到了他们第一次约会的时候男朋友迟到的问题，甚至还扯到了男朋友打游戏不上进……且不说他男朋友到底犯了多少罪过，单就闺蜜的沟通方式而言，绝对是一个只会将问题扩大化的巨大"bug"。讨论问题要聚焦，眼下引起你不快和愤怒的事情是什么就讨论什么，不要把过去遗留的问题也拉进来搅局，那些问题过去都没解决，又怎么可能在当下大家都不愉快的当口统统处理干净？

提那些陈芝麻烂谷子的事的最可能结局就是，你们又增加了一个新的问题，还把过去所有的愤怒又重新体验了一遍。

5. 提需求和建议

表达感受不是重点，让对方道歉也不是终点。这一次表达愤怒也能起到防患于未然的作用，所以最后一定要提出你的需求，下一次遇到类似的事情你希望对方怎么做才不会引发矛盾。

拿闺蜜的事情举例，她可以告诉对方，希望他下次遵守约定，如果实在有不得不爽约的理由，那至少先道歉并且答应以后再陪她去看这部电影作为一种补偿。既给了对方台阶，也指明了方向。

其实，每个人都有自己的底线和不愿被触碰的东西，我们虽然渴望别人不践踏这个柔弱的领地，但确实没办法要求所有人都能完全了解自己，能够毫无摩擦地就建立起坚实的关系。所以，愤怒是一种试探，也是了解彼此的过程中必然出现的情绪交换，回避它就是对真实人生的逃避，意味着你无法真正跟你的情绪做朋友。

真正智慧的人能够意识到自己的愤怒来源于哪，懂得合理的表达愤怒，也敢于去表达，因为这意味着你能坦然面对自己的情绪，也能坦荡的面对他人。

{请有尊严 地活着}

前些天和一个"剩斗士"聊天，苦怨这个世界对她的不公平。执拗地认定这个世界很丑陋，越想保有自己，越被这个世界一点点地侵蚀剥落，然后无情地被遗忘。

"因为我是我，所以我一定要等到属于我的爱和人生，不妥协这个人生，也不讨好这个世界。"她的命题毫无瑕疵，也就无须驳斥，反之也就没有可能实现。

不想辩驳的时候，我给她讲了个故事。

孩子绘画班的旁边是一个形体班。等着接孩子，形体班下课了。形体班很少男孩子，所以一个妈妈在接男孩子，欢声笑语的，就多看了几眼。孩子喊渴喊饿，妈妈把水壶交给孩子牛饮，自己在包里拿出吃的，简单的馒头和小饭盒里的菜，两个人就着休息的排椅吃。间或地有一搭没一搭地聊，孩子的眼睛明亮，妈妈低眉专注的温暖。

孩子似乎饿得不轻，狼吞虎咽，吃完给饭盒里倒了些水，喝得干干净净。妈妈把东西收拾好，在包里拿了一卷卫生纸，扯了些，细心地把残渣归拢到手心里。孩子替妈妈背了包，相携着走出去。

下次再见到的时候，留意看了看，妈妈穿着也就一个得体，淡淡的妆容，背着过时的大大的、没有形状的包，安静地坐着。看到我在注意她，眼神里有点疑惑和问询，直起腰稍微歪了一下头。

于是尴尬地坐到她旁边，指着绘画班说也是接孩子，客套话后，问她为什么让男孩子学形体。

她想了想，大致说了一下。家里环境一般，都是老实人，外人看来是饿不死活不好的那种。也没那么多钱去培养孩子其他的，练武、跆拳道什么的，因为住的环境一般，害怕后边学坏。学习吧，还行，苦学或是随着大流学什么奥数奥语，反而难为孩子。也没什么天赋，家里钱也不宽裕。选来选去，觉得形体可以让孩子坐卧行走，仪态什么的有尊严，就学了。很从容的讲述。

说完她指指形体班，那边下课了，她站起来找孩子。

跟我有什么关系呢？"剩斗士"很茫然。

如何有尊严地活着？如何明白生活是学习的一部分？这个妈妈告诉你，保持自己的尊严，不完全是内心的事情，或许你要学习并坚持自己的点点滴滴，小到行走坐卧，小到直起腰从容地正视这个世界。这个世界是这个样子，也本来就是这个样子，但去学习如何面对这个世界，也就学习了如何面对自己的人生。

在你还没有开始自己的人生时，你就选择对立这个生命、这个世界。你那么急着去界定自己，而不是认识这个世界，学习你的生命。唯一的理由，是世界没有按照你设计的方式存在？还是你既阅读不了自己，也阅读不了这个世界？

物质很重要，因为欲望总在那蠢蠢欲动，总是需要假模假样地安慰欲望；独立很重要，因为世界很大又随时在制造潮流，你永远追赶不上。但这些不是你可以随便给人生寻找理由的借口。那些看似确凿无误可以说服自己的理由，旁观者却永远觉得可笑和牵强。当你所做的在你自己都知道是一种逃避时，你逃避你的生命，生命也就逃离你。

这个世界对你来讲，没有按照你的方式去存在，你就认为是残忍。这个世界在你眼里很丑陋，而你在世界的眼里也就很丑陋。你所谓的孑然独立，无非是你既成就不了自己，也不甘心或自己不能成就社会认可的自己。于是你似乎只能接受悲伤，或是恐惧世界。恐惧让你觉得世界丑陋，那想来，悲伤无非是逃避的一种方式，也同样是恐惧的一种表现形式而已。

当你决定你的人生就这样了，你的生活就如此了。看似你不讨好、不谄媚这个世界，但你选择对立这个世界。那你永远想不明白，对立这个世界其实是另外一种卑躬屈膝。学习如何得体的生活、得体的言行、得体的妆容、得体的习惯，在你看来是讨好这个世界，而不是与世界和平相处。

世界谈不上美丽，因为他总在阻碍你全心全意做自己。但他乐于你大度从容地正视他，也乐于让你仪态万方地摇曳。所谓的遍体鳞伤，最大可能也是你逃避自己应该做的，得到的后果，但就算这样，也不影响你今天可以更快乐些。

当你说你是你自己的时候，其实是想说你不想做你应该做的，你不想学你应该学习的。你痛诉社会的原因，不是这个人生怎么了，而是你学不会跟世界和平相处。你所以"剩"，只是因为你觉得你是"斗士"，而不是一个学习生命的人。

想想那个孩子，学习如何得体地存在着，站立着，行走着，挺拔而从容。这个世界对他来讲，所有的物质和欲望，都可以直着腰面对。当大度从容成为一种习惯，他就不需要坠饰什么、逃避什么、恐惧什么，因为本身自己就是充满光亮的生命。

真相本身不美丽，但接受真相的人会很美丽。而你，因为拒绝学习生活，却选择着没有尊严地活着。

别高估了你的力所能及

森林中举办比"大"比赛。老牛走上擂台，动物们高呼："大。"大象登场表演，动物们也异口同声："大。"这时，台下一只青蛙忍耐不住了，嗖地跳上擂台，拼命地鼓起肚子，并用自信的眼光盯着动物们："我大吗？"

"不大。"动物们传来一片嘲笑声。

青蛙不服气，死劲儿地鼓着肚子。随着嘭的一声，肚子破了。可怜的青蛙至死也不明白它到底有多大。

有位登山运动员一次参加攀登珠穆朗玛峰的活动，当他努力爬到海拔6400米的高度时，因为体力不支，便停了下来。许多朋友知道这一情况后，都替他惋惜，不少人说，如果他能咬紧牙关挺住，再坚持一下，再攀登那么一点点，就上去了。

没想到这位运动员却不以为然，他平静地说："不，我自己最清楚，6400米的海拔高度是我登山生涯的最高点，我一点都不遗憾。"

《约翰·克利斯朵夫》中主人公与他的舅舅之间有一段对话：

"……如果不行，如果你是弱者，如果你不成功，你还是应当快乐，因为那表示，你不能再进一步。干吗你要抱更多的希望呢？干吗为了你做不到的事悲伤呢？一个人应当做他能做的事……竭尽所能。"

"……英雄就是做他能做的事。"

任何人，无论做任何事，都必定有他的极限，必定有他的承受能力，必定有他所能达到的最高高度，像那位登山运动员，6400米就是他的极限，就是他的承受能力，就是他的最高高度。

人活着，应该有明确的目标，应当有最高的高度。

目标定得大些，高度定得高些，人潜在的因素发挥得就更充分些，进取的劲头迸发得就更充足些，生活的价值彰显得就更充实些。

但一个人追求的目标过大，锁定的高度过高，而自己又不具备相应的能力和实力，那就会出现两种情况：一种是因为未能达到预定的目标和理想的高度而情绪低落，无精打采，心灰意冷，甚至于从此颓废萎靡，一蹶不振；一种是不可为而为之，勉强从事，超过极限，不堪重负，最后搞垮身体，落得人、事两空，付出沉重的代价，青蛙的教训应该牢牢地记取。

及时了解和承认自己的能力和局限，当行则行，当止则止，量力而行，恰到好处，便能使自己生活得更加充实和自在，便能让自己有限的生命生发出适度的光和热，从而为自己带来一生的安宁与幸福。

保持适度，做自己能做的事，并不是放低要求，无所追求，而是一种理智，一种清醒，一种分寸，一种把握，一种量力而行，一种求真务实，一种最高境界。

保持适度，做自己能做的事，并不是浑浑噩噩，碌碌无为，虚度人生，而是一种人生的准确定位，一种可贵的脚踏实地，一种成功的必由之路，一种对待事业的认真负责。

保持适度，做自己能做的事，只要用尽全力，耗尽所能，作出最大努力，自己问心无愧，最后实现了什么目标，达到了什么高度其实并不重要。

保持适度，做自己能做的事，就要怀揣标尺上路，让它既督促我们不懈攀登，又提醒我们恰到好处戛然而止，千万不要把自己搞成一台超越生命极限，长期超负荷运转的机器。

要知道，仰之甚高，而力又不及，那是笨蛋的愚蠢和贪婪。

我们是有可能
活在云端

村上春树说，我一直以为人是慢慢变老的，其实不是，人是一瞬间变老的。

起初看到这句话时，不以为然，总觉得自己还很年轻，刚到二十岁，"二"字开头的年龄，不用再装作大人了，因为我们本来就是成人了。感觉离"三"还有好远，十年，像天黑，长夜漫漫，忘记了来路，也看不清去处。

二十出头，可以在大学校园里漫无边际地游荡，学习充实到还可以再学，也可以在四人宿舍里没有目的地徘徊，游戏玩到后来不想再玩。可以在社团的小天地里活跃，弄得风生水起，也可以在创业的大路上乱撞，搞得有声有色。可以毫无顾忌地喝酒，大谈政治，也可以无所事事地抽烟，闲谈艺术。卧谈快要到天明才想起来明天早上还有课，休假快要到学期结束才想起来大学还有考试。有人恋爱，有人失恋，有人得意，有人失意，有人振作，有人颓废……

好像二十多岁，有很多很多的时间和空间，有很多个无聊的周末，外面有很大的空间。还有很多很多的精力，精神和力量，可以连续一周不怎么睡，周末睡上一觉就恢复过来，可以喝醉酒到吐，吐完又接着继续喝。

可是，当第二个本命年刚过，突然发现好多东西开始有些静止了，其实也不是静止，大概就像村上春树说的那样，人是一瞬间变老的。当你开始变老，那么对于外在的感知就开始不那么敏感，自然也没什么新鲜感。

以前总开玩笑说，有人叫自己叔叔，有人叫自己阿姨，写一些故作高深的文章，听一些不入大众的歌曲，看一些逆流而上的电影，但心里清楚地知道，自己还很年轻，还有很多路要走，还有很多人要见，还有很多道理要明白。

现在不同了，自己明明还是很年轻的，但心里明明有种声音，催促着自己往前不停地赶路。翻看以前的文章，发现那些早些年装作写出来的道理，现在依旧适用，只是那时候是装出来的，这个时候一一去践行。

还有什么不懂的呢？人情世故？冷暖人生？

过去的那些年，或多或少经历过生，也目睹过死，在爱情的生活里，有甜蜜，也有痛苦，在亲情的呵护下，有反叛，却开始理解，在友情的支持中，有深交，也有绝交，在职场的漩涡中，有收获，也有失去……

我们的认知开始变得越来越慢，就像罗曼·罗兰说的那样：大部分人在二三十岁上就死去了，因为过了这个年龄，他们只是自己的影子，此后的余生则是在模仿自己中度过，日复一日，更机械，更装腔作势地重复他们在有生之年的所作所为，所思所想，所爱所恨。

有好多道理也不用再从书本的字缝里扣出，无非就是这个月的房租下个月的水电，或者今年的车子明年的房子，即使没人再说，但好像都心知肚明。看了一下周围的人，大家的确都很努力，但努力也开始变得机械重复。

在深圳合租的一个同事，是做软件测试的，工作两三年，因为只隔一室，对他的情况还算比较了解。

每个月大部分时间都在加班，晚上六点下班，他大概十点左右才回来，每个月大小周，他几乎没休过。在我看来，他够努力了。

每天回来后，打开电脑，放着无关的视频，听着新闻，然后还拿着手机，在手机上刷来刷去，通常到凌晨一两点，早上七八点起来，赶去上班。

日子就这样在重复，起初我还觉得不可思议，怎么可以把生活过成这样？明明可以早些睡，为什么不呢？明明回来可以再学习，为什么不呢？

直到后来，我发现自己每天也开始日复一日地重复时，比如下了班，也无所事事地刷朋友圈，然后去写那些套路很像的文章，竟然有些不知所措。再来反观别人，人家各种压力大啊，怎么睡得着？人家工作那么累，回来就不能放松下？

但思来想去，我还是觉得这样的生活是有问题的，我们一生的剧本不应该这么写，故事的结尾早已经写好，只等着每天去直播，然后等剧情"END"，帷幕落下。

记得电影《少年时代》快要结束的一幕，母亲奥利维亚在儿子梅森终于高中毕业后，决定卖掉房子搬家时，梅森扔掉自己以前拍的照片，他的母亲突然一个人坐在那里哭。当梅森问母亲期待什么时，他的母亲说，我突然意识到，我的人生就这样了，恋爱结婚生孩子离婚再结婚，也的确找到了自己想要的工作，但好像前一天教孩子学会骑单车，之后就要送孩子上大学了，再往后就只剩下"我的葬礼！"了。梅森问他母亲，怎么就把人生快进了四十年？他的母亲说，我以为人生本来会有更多！

我们何尝不以为人生会有更多？可是不少人却把二三十岁过成了年老的生活，日复一日地单曲循环往复，每天上班打卡下班打卡，回家躺在沙发上刷手机看电视。大部分人在二三十岁时就已经老去，但我觉得有人可以依旧年轻，这个人可以是你，也可以是我。

就像阿乙在他最新随笔集的封面上写的那样，这个世界有一些人躺在泥泞里，看着生活把自己踩扁，而有些人拨开雾障告诉我们：人有活在云端的可能。

我想，这种云端的可能大概就是，对这个世界还感兴趣，对这个世界还有好奇心，不断地旅游和读书，旅游从外扩展生命的长度，读书从内增加生命的厚度，从而给自己的生命注入新生的活力。

{ 在生活中
勇敢前行 }

小美这几天闷闷不乐，好不容易约齐大家出来喝个下午茶。

刚一落座，小美的抱怨便没停过：之前信誓旦旦宠她当公主的男友，竟然吃完饭连洗个碗都不肯；盼了又盼的华东自助游，他总以工作太忙再三推迟；最不能原谅的是，上周是他们相识三周年的纪念日，他竟然忘得一干二净！

"你们来评评理，他现在就这副模样，以后结了婚还得了？！"小美忿忿不平。

让她意外的是，我们没有搭腔，其他几位闺蜜甚至聊起了其他话题。小美急了，轻轻拍着桌子："嘿，没人感受到我的满腔委屈吗？"

曼曼巧笑嫣然，出声回应："亲爱的，我们都明白你的感受。可是，请你记住：你是即将踏入婚姻生活的人，收起你的少女心，去学着当一个接地气的人。"

曼曼和先生两年前结婚，先生在邻市上班，只有周末才能回家。一年前，曼曼生了个大胖小子。

休完产假，她便开启了女超人模式：每天清晨给宝宝洗漱喂早饭后匆匆上班；中午回家让婆婆睡个午觉，自己陪宝宝玩儿；下午下班后去市场买菜，然后赶着回家做饭；吃完饭给宝宝洗澡，陪他玩；直到哄他入睡后，自己再去洗个澡，晚上还要经常起来给宝宝盖被子……这样的生活，她从未说过一个

"累"字。

估计连她先生都不知道，她经常在深夜一边看资料一边哄宝宝——身为法院里最年轻优秀的女法官，她的付出远比其他人更多。

是谁说过，"女子本弱，为母则强"，说得真好。结婚之前，曼曼亦曾捧着一颗少女心行走江湖。曾经十指不沾阳春水，曾经被仙人掌刺到也要掉眼泪，曾经因为男友忘记买生日礼物大发雷霆。

曾经。

那个娇气刁蛮的小女孩不见踪影，我的好闺蜜如今是干练又温柔的职场妈妈。或许她已不像从前，明艳得能在大街上引得男生频频回头；但是，我爱极如今她身上的烟火气息，那么平凡，那么美。

谈恋爱的时候，有点儿小女孩心思，偶尔发发嗲矫情一些，对方也只当多一份情趣，并无大碍。问题是，你即将走进柴米油盐的平常日子，还有必要为鸡毛蒜皮的事儿斤斤计较吗？

写到这儿，估计有很多姑娘不乐意了：嘿，结了婚又怎样？难道婚后的日子注定要洗手做羹汤俯身当女仆，一日三餐围着厨房转吗？我连发一点小脾气的权利都没有吗？

不不不不不不不。

亲爱的姑娘，我并无意妖魔化婚后的生活，只是咱老祖宗发明了一个很高明的词儿：尘埃落定。人们往往将它用在新嫁娘身上，仿佛在人世间漂泊的心终于找到了栖息之地，意味着安定与平静。

总觉得结婚是女子一生重要的分水岭，虽不至于要求你一夜长大，至少请学着去修一颗过日子的平常心。毕竟，我们都是接地气的人儿呀。

好吧，既然他不愿意洗碗，你不妨挽起袖子把几副碗筷洗了，何必跟他置气，不值得；他工作太忙无法跟你出游，咱"ＸＸ在手，说走就走"，一个人在乌镇的小店沏一壶茶，赏江南水乡的美景，静静地聆听心底浮现的声音，惬意自在的心情不会比二人同游差多少。至于那些经常被他遗忘的纪念日，咱同样能够过得有声有色。精心做一桌好菜，开瓶年份正好的红酒，盛装打扮待他归来。他不记得没关系，咱可以给他惊喜呀。

如此，并不是对他的妥协与骄纵。只是因为我比谁都明白，我的内心足以强大到无需对方的给予。

我深爱你，毋庸置疑。你待我情深义重，你心思细腻有情趣，我欣然接受；但如果你不解风情神经大条，简直呆头鹅一只，我也不会撒泼发脾气。

早过了"小吵怡情"的年纪，心平气和地过日子才是人生要义。有那份吵架的时间和精力，不如阅读，不如静心，不如听曲，不如品茗，不如抄一页《心经》。你我皆是寻常女子，不比过偶像剧里的生活，也没有摇摇欲坠的玻璃心。

年岁渐长，应明白智慧比美貌更重要。

日子一天天地过下去，柴米油盐，婆媳妯娌，丈夫孩子，职场家庭，来不及细细品味，呼啦一下，某天无意间抬头看看镜中的自己，眼角竟浮现淡淡的鱼尾纹。给自己一个笑脸，这个笑容恬淡、心平静气的女子，真的特别美。为这样的我们祝福、喝彩。

愿我们都能在生活中勇敢前行。

花有重开日，
人无再少年

"你以后想做什么？"

这是一个我们经常被问到的问题。

［1］

小时候，我们会无所顾忌地把自己内心对未来的所有期盼摊开在众人面前："我想当科学家""我想当音乐家"……

人们不会认为我们不自量力，因为我们还这么小，未来又那么长，一切看起来都有可能。

甚至，如果我们的理想过于微小："我想当司机""我想当保姆"……人们还会鼓励我们，"还有没有其他想做的？比如舞蹈家、作家……"。于是，在被视为权威的大人的肯定下，我们自己也认为自己可以成为自己想成为的任何人。

然而，等到我们真的踏入社会，开始承担责任，面临职业选择时，我们必须要务实、理智，必须选择最有可能实现而非最喜欢的路，必须做最应该的选择而非最弘大的梦想。

"会写东西的人那么多，能当作家的有几个？成为知名作家的又有几个？"

"喜欢唱歌的人那么多，但是不是谁都能当明星。"

"你现在的工作这么稳定，发展前景又很好，为什么要跟自己过不去呢？"

"你是在开玩笑吧？你没有任何基础，怎么做一个画家？"

……

年少时，我们的理想越耀眼，越被认为有抱负、有出息；长大了，我们的目标越远大，却被认为不切实际、好高骛远。

这是我们每个人都不得不面对的现实。人们可以哄你、劝你、鼓励你，真正面临选择时，不管是出于善意还是恶意，同样可以拦你、挡你、否定你。

渐渐地，我们把内心的渴望、野心搁置，仿佛只是午夜做的一个梦，还安慰自己，"把自己现在的生活过好就是胜利。"

我们做的每一个决定，出发点不是我们的潜力是什么，而是我们的能力是什么；不是我们可能做成什么，而是我们能够做成什么。

我们越是清晰地意识到，如果我们"离经叛道"，如果我们发出出乎意料的宣言，面临的将是质疑、不屑和轻视，别人可能会觉得我们是一个傻瓜，只会做白日梦。

我们不想成为异类，从而自我压抑，浑浑噩噩度日。但是，很多时候，错的不是我们，也不是别人，只是我们把自己摆错了地方，选择了错误的圈子分享另一种生活期待。

就像一个保姆告诉你她要做一个伟大的摄影师，周围人都在嘲讽。于是为了赢得圈子的认可而你也假装赞同，还转过头来自我劝说，"她什么都不懂，还异想天开，简直是痴人说梦。"

明明你内心对她很赞赏，还要出声附和，顺便息了自己挑战的心思。

于是，我们本可以达成梦想的机会就这样被我们放过。

没有人说过实现理想是一件容易的事，但是如果你从未开始，就永远只是一个梦而已，每每午夜梦回，只剩后悔与自卑相伴一生。

[2]

在第一本书面世前，我没有跟任何人提起过，包括家人，朋友。因为对于我实际所处的生活圈子来说，文学这件事太过遥不可及，无异于天方夜谭，而在过往，我又未展现过任何与之相关的荣誉和才华。

唯一发生过的关联，就是我在高中时偷偷帮一位被我认为是才女的好友投过稿，却石沉大海，那时我就知道这不是我能够驾驭的领域。

我怕面对周围人不理解和不认可的眼神，所以我选择沉默，羞于提起。

偷偷摸摸地做一件事是疲惫的，无人分享的努力则分外寂寞。

在稿子被一次次推倒重来，在灵感枯竭无力为继，在收到一封封被拒稿的邮件时，我不止一次产生过放弃的念头，"反正也没有人指望我真的能够出一本书。"

所幸，在阴差阳错中，我加入了几个作者群。在这里，我们或许连彼此长什么样子、真实的名字是什么都不知晓，却可以毫无障碍的交流。我们相互支持，给予信心和力量，不再是孤军奋战。

原来，写作这件事没有我想象的那么遥远，也没有我以为的那么高门槛。某个大神可能还未高中毕业，某个专职作家以前可能只是一个农民工，某个成名作者还有一个小职员的身份……我认识了很多被认为理所当然应该成为作家的人，也认识了很多被认为跟写作毫无关系的作家。

这时我才意识到，一些人的"不可能"或许正是另一些人的人生，一些人的"奇迹"或许是另一些人的习以为常。

我们不是没才华，我们只是合错了群。就像天鹅在鹅群中只是一只"丑小鸭"，但在天鹅群里飞翔却是自我的本质属性。我们必须清楚，任何沟通都需要恰当的对象。

因为每个人的经历、思考方式都不同，质疑是可以预见也可以理解的。改变别人的想法吗？或者安于现状吗？不。不如找到同类人，你会轻松得多，也会有更多的信心。

保姆想做摄影师，她跟保姆说会被不屑，于是只能埋在心里，度过平庸且与自我期待背道而驰的一生。其实，她需要找摄影圈的人，在这里才能获得摄影人赢得的尊重和共鸣。

[3]

梦想需要同路人，指路人，教练和支持人，这个人绝不肯存在于那些质疑你的人中。

我们常说"道不同不相为谋"，梦想这件事尤其是。

我们应该保持自知之明，但是也不必妄自菲薄，更不必因为不同的想法或者评论就熄灭内心的渴望之光。

我们首先要做的事，就是对自己坦诚，才能找到出路。你有没有想过，"我们一直在为谁奔跑，在巨浪的生活里，在唯独没有爱过自己的那么多年里，你何时才为自己而跑，什么才是你生命的速度？"

美国作家杰克比林斯说，"了解自我，不仅是最困难的一件事，更是最不方便去做的一件事啊。"因为我们的世界里，充满了太多干扰、噪音和诱惑，让我们轻易迷失，得过且过。"可是如果我们不为自己想过的生活努力，我们就不得不应付不想过的生活。"

我们要认清自我的本质，我们要过的不是别人的生活，把生活过成自己的。不管是喜是悲，是好是坏，是穷还是富有，关键是心之所向。别人说什么，评论什么其实都不重要，重要的是自己认可自己。如果一种生活你过的话虽然艰难，但是不过的话更加痛苦，你会听见自己内心真正的声音。

然后，找到属于你的圈子。亲爱的，"潜力"和"实力"是两个不同的词，在潜力转化为实力前，有人会踩我们，但也有人会支持我们。所谓"天时、地利、人和"，你想成为怎样的人，先进入这个圈子。

试试和那些具有相同野心的人为伍，让你置身于可成长的环境中——在那种你不仅可以让自己进步，其他人也会推动你前进的环境。在这里，你会直接接触到你需要的一切，你会快速地提升，你会获得心灵的共鸣和继续的动力，你会有一个看得见的目标而非别人口中的奢望，你会获得更为客观的评价和自我判断，你会获得归属感。哪怕依然可能面临别人的贬低和嘲弄，但至少你知道，这轻视不是对你的"梦想"，只是对你的能力。

为什么非要在盐碱地里种下种子呢？也许错的不是你，也不是想过的生活，而是没有找到适合的土壤。

但是，你可以找到适合的土壤，让自己少一些挫败，多一份鼓励。

为什么非要把自己置身于障碍重重呢？为什么要自我埋没呢？

如果你可以飞，为什么不展开翅膀，回归你该在的地方呢？

打破生活，把时间用在梦想的路上。不要再做无谓消耗了。

我们觉得很累很疲惫，不是梦想太重，或者目标太远，而是缺乏支持和别人的信任。

但是你不能牺牲自己成全别人的心思啊！

我只是需要一个开始，我正在实现自己的梦想。因为，花有重开日，人无再少年。

年龄不是优势，姿态才是

[1]

和一个朋友聊天，她其时努力过猛、略有疲惫，忍不住临时性怀疑人生。反正每个人都会变成中年，岁月静好、慢下脚步，甚至疲沓消极，看透红尘，何必那么拼？

是的，都一样。年龄是一种不可抗力，比海啸火山更不可逆转。

岁月的残酷，有一种不动声色的快。这种快，附带有加速度。你曾经觉得25岁还那么遥远，没过多久，52岁会赫然近在眼前。

如果将来大家都是要在一起跳广场舞的，年轻的时候何必那么拼呢？

不同的是，你将进入什么样的中年，和以什么样的姿态进入中年。

中年可以是盛年。你要是在青年的时候，肯打足够的底子，中年真的是一生中，可以非常美好的时光。

家里有相伴已久的爱人，和已经长大的孩子；办公室有"hold"得住的大小事件；口袋里多少有些银子，能去自己去想去的地方、做自己想做的事情；未来，还有很多时空可以展望，有一大段可以虚度的美好时光。

[2]

站在人生的中点上，过去丰盛、现在迷人、未来可期。

42岁的李玟，足以撑起盛年这面旗。在她身上，四十岁是如此美好，美好得根本不想定义为中年。

"我是歌手"节目中的镜头里，她身材火辣，充满活力，肌肉有弹性，腰肢比20岁的时候更纤细。

她的唱法和很多女歌手明显不同，是一种从深远处传来的醇厚而高亢。看得出来，她肺活量惊人，对身材也进行过近乎严苛的管理。

镜头切换到她的老公，看得到憨憨的骄傲、满满的爱和宠溺。单亲家庭出生、幼时坎坷的李玟，历经长时间的自我奋斗，

有钱有爱，有身材有颜值，有饱满的内心，和嘴角上翘的活力。这样的中年，就算到了，有什么好担心的？

[3]

中年，是可以这么好的。是走到一定阶段，岁月给你摆出的一桌盛宴。

生于20世纪70年代的李健，在90后的眼里也是大叔了。可是，他甚至连法令纹都没有。不猥琐，不混沌，还很清澈。

腹有诗书气自华，一个肯读书，能写歌，不浮躁，甚至不那么想红的人，就算到了中年，也是安静恬淡地让人觉得舒服，没有侵略感和戾气，有的是"你若盛开，清风自来"的活得精彩。

要说娱乐界，黄渤和吴秀波，都是中年成名的典范。他们青年时候奔波

辗转，跑过龙套，打过杂。

不温不火的时候，沉默积淀，终于在出道多年以后，厚积薄发。攒着的能量，总有一天，会像熔浆般冲出山尖。

——你要"四十一枝花"，讲道理是没有用的，只能摆事实。当你变成了一个内涵提升、气场上扬、能力"Up"的人，过去的时光，没有单纯消耗自己的颜值和外貌，而是在增长智慧和见识，每一天都在增值，熟龄的韵味儿这时候开始显现。

[4]

一个不断修炼的人，年龄上去了，气质也上去了。

不信，你看杨澜、赵雅芝、刘嘉玲，年长的她们，比年轻时候只多不少、只好不坏，美上一百倍。阅历、气场、态度，本身也是颜值的一部分。

你要像老中医一样越活越值钱，那也只能自己争取。

一个什么样的中年，取决于你以什么姿态度过青年。时间花在哪里，你的成就和回报就在哪里。

[5]

你把时间花在酒桌、牌桌、泡沫交际，中年的你，难免不酒囊饭袋，面孔模糊，腰腹下垂，庸碌无趣，拖泥带水，清爽不起来。

你把精力用于肥皂剧打游戏，偶尔输入很少输出，眼神自然空洞没内容，万事事不关己，活在虚幻简单的生活剧情里。

你宅在家里不关注外面的世界，自然就对"邵逸夫昨天去世"，"微信二维码七天后过期""是谁谁谁就转"的帖子失去分辨力，像鲨鱼闻到血腥味一样，见到惊悚感的八卦就转。

你跑很多的步、勤于运动，面色自然红润，四肢比例均匀。爱运动的人，五官不一定惊艳，但身材持续调整，体型和样子，差不到哪里去。

你读万卷书行万里路，心理世界比物理世界大出几万倍，就越有敬畏，越能把自己放低，容貌会更平和包容，有懂得的从容与淡定。

最近看郑钧和陈坤的报道，他们都是十年以上的瑜伽练者。也就难怪他们脸上的那份平静超然。在浮躁的娱乐圈，今天红了，明天不红，今天被捧上天，明天被黑出翔。

[6]

如何才能不燥不急？是日复一日的修炼，才有他们这般处变不惊的淡定，收获"稳定而有质感"的中年。

虽然大家都要变成中年人，还要不要拼？我会反问，如果你不拼，会有一个什么样的中年？

拼了，不一定有用；但不拼，一定没用。拼，是对待生命努力的姿态，是尊重自己的潜力，是像树一样向上知道自己还可以好一点点。

中年的放松和淡定，不是教你不拼，而是拼过了，才有阅尽千帆的了然于胸。

越过山丘，才知道无人等候。但不能因为无人等候，你便不肯越过山丘

——生命的每一点感受和经历，都是自己攒来的。你可以说给别人听，但不能把听来的别人的东西，当成自己的人生。

回首起来，年幼时天真过，年轻时努过力，中年时梦想过的大多数东西

都在手——年长几岁，白发多几根，皱纹多几许，那，又有什么关系?

当年龄是唯一优势的时候，当然年龄越大越走下坡路。

当年龄只是优势之一的时候，阅历经历、生活智慧随着年龄的增长而增长，中年就不是弱势群体，而是优质生活了。

这样，你就可以以丰盛、从容、富足的姿态，进入人人都要进入的中年。

你需要懂点儿人情世故

我出差回来，在茶水间遇到部门经理，他趁着冲咖啡的当口悄悄问我，"你带的那个实习生，是还没习惯，还是对公司有什么意见？"

我被他问的一愣，下意识地抬头看向小欧的座位，还有五分钟就是午饭时间，大家七嘴八舌的围在一起商量午饭的去处，而她坐在那儿，对周围的吵嚷视若无睹。

"她挺好的呀"，我回答，甚至打心眼儿里有些喜欢这个安静又腼腆的姑娘。

"上周团建，她说什么都不愿意去参加，问她是有什么事情吧，她也说不上来"，经理说，"所以就问问你，她是不是还没习惯从学校到职场的过渡，还是压根儿就不大喜欢咱们公司。"

公司的人员流动率向来不低，所以从招聘实习生开始，就十分在意他们的去留意图。我答应经理一定找机会和小欧聊聊，一边走回座位上叫她吃饭。

我们并没有跟着大部队一起，为了跟她聊些真心话，特意选了一家较为安静的餐馆。

我没绕太多弯子，直接开口问她，"上周大家一起出去玩，你怎么不去呀？"

她有些惊愕地看我一眼，又很快低下头去，"我……跟大家不熟悉，怪不好意思的。"

我说，"公司的团建专门安排在实习生入职之后，就是为了让你们跟大家熟络起来啊，用不着你有多主动去讨好别人，但也不能总是冷着脸吧，了解的人知道你是害羞，不了解的人还以为你高傲呢。"

话音刚落，她就一下激动起来，握住我的手，"姐姐，你真的不知道我因为自己慢热内向的性格吃了多少亏。"

虽然学习成绩名列前茅，但是因为跟同学关系不好，一切"三好学生"和班干部的投票都没有她的份儿。

明明并不讨厌自己的舍友，但因为总是一个人坐在那里不参与聊天而被排挤。

想要主动示好，却不知道从何开始，想要表达感谢，却又拘谨得开不了口。

不了解任何人，也不被任何人了解，她活成小透明的模样。

自由，但是好孤独。

我劝慰她几句，委婉地暗示她要改改自己的性格，她叹口气，"可能我就是这样的一个人了吧，天生不太讨喜，走到哪里去都不被喜欢，但我天生就是这种性格，也没有办法。"

[2]

不久之后她转了正，分到了另外的项目组，因为分管不同的内容，往来渐少，她偶尔来我座位上聊天，也很少谈工作的事情，就这么过去好几个月，有天快要下班的时候，她垂头丧气地过来找我：

"姐姐，我辞职了，下周一就不来上班了。"

我吃惊不小，连忙询问原因，她眼圈一下子红了，声音闷闷的："她们不喜欢我，净给我使绊子，这次的项目做砸了，我跟经理解释，他也不怎么听得进去"，她瘪瘪嘴，带着哭腔问我，"我不过就是有点内向，有点敏感，不懂得跟别人打交道而已，真的就有错吗？"

小欧离开的第二个月，公司应客户的要求进行项目合并，分到我们这边的两个人，就是小欧口中"净给我使绊子"的其中两个，我冷眼旁观她好几天，却丝毫没有看出一点心机的模样。

大家照常做事，一天加班之后一起去喝咖啡，有人提起小欧，还没等我说什么，其中一位做设计的姑娘心直口快，抢先说道：

"小欧个人能力挺强的，但就太别扭了，自己有好的点子，开会的时候不说，结果我们定了另外一套方案，所有人都在做这一套的同时，她却是按照自己的想法做事，进度和内容和都不跟大家交流，总是到了最后的时候，才发现她的那部分出问题。"

她言尽于此，我却知道在项目进行的过程中如果有人掉了链子，代价便是全组人一起加班赶进度。

而另一个姑娘也叹口气，"我们去给客户做展示，客户提出要修改的部分刚好是小欧的内容，做我们这行，被甲方要求修改本来就是常事，可她却直接当众哭了，弄得客户脸上挺不好看。"

没有人接话，我们都想到了小欧那种倔强又冷漠的神情，像是冰封的湖水，掩藏着多少敏感细碎而又脆弱的波纹。

[3]

我想我终于可以回答小欧那一句问话："我内向敏感，不懂得跟人打交道，真的就错了吗？"

是的，你错了。

人与人的交往，是先建立在你"做了什么事"上，然后才会关心"你是什么人"。

在大多数场合里，"你是谁"其实是最不重要的东西，真正重要的是问题的解决，事件的推进，利益的分配，旁人的态度和情谊的交流，还有"是否愿意和你共事"的想法。

我很喜欢苏珊·桑塔格曾经说过的一句话："到了一定的年龄之后，谁也没有权力再享有这样的天真的浅薄，对社会交往和人际关系享有某种程度的无视，甚至失忆。"

性格问题往往就是能力问题，没有人的性格是一成不变的。或者说，人是按照自己的想法去发展的，在摩擦和冲撞中一次次妥协、让步、调整、更新、改变，是人在江湖中不可规避的成长。

做人，并不仅仅只是理论上的一个大词儿，它原本就是做事的一部分。

任何性格的标签都不应该成为拒绝成长的借口，而鸵鸟之所以成为鸵鸟，是因为他们不会主动在人际关系中去完善自己的性格，适应他人和社会，反而是将自己的头深深埋下，用"我就是个××样的人"来逃避结果。

你可以任性，但也需要懂点人情世故。你可以内向，但需要懂得如何与人合作。

每个人的人生，不都是这样缓慢被改变的同时，也去影响他人吗？

没有人是一座孤岛，不要将自己早早放逐。

把生活过得像样点儿

是时候该让自己反省，我们的日子需要诗意的滋润和祝福。诗意的生活其实就在我们身边，每天拿出半小时看一本无用的书，或回家和家人吃一顿闲茶淡饭，生活才像生活。

[1]

我感觉我把生活过成了垃圾场。

早上，让帮忙转发一条内容，朋友立即答应了。末了，她说，"记得平常也多找我聊聊。我们说好的见面，已经推迟了半年。"我说，"会的。最近一直很忙。"她说，"忙也不要忘了生活哟。"我看着她的话，突然陷入了沉思。

不知道你有没有这样的感受，每天都很忙碌，但是仍旧感到虚无。工作未有成就感，生活也乱作一团。前几天看到村上春树的一句话，"为了生活零售时间和生命，是不会有好结果的。"

而现在的我们却一直在零售自己的时间和生命，为碌碌无为的每一天。这样的坏结果，可想而知。

记得前段时间，朋友和谈了七年的男友分手了。她说，毕业到现在，工作很累。但每次回到家，却发现生活更糟糕。想和男友去一家新餐厅，想去看一部电影，想漫无目的地散步……最后，等到店已搬迁，电影已下档，一次又一次，始终无法履行。每次他回到家，都说累，然后躺在沙发上，开始刷手机，一直刷到深夜。抱怨怀才不遇，抱怨世界不公平，却又嫌累，不去竞争。周末约好去跑步，等到周五又说工作太忙，太累，想睡两天……是的，每个人都忙，都累。"没有时间"成了口头禅，所有人的时间美其名曰都给了工作，以忙为借口，却把自己能支配的时间都拿来虚度。那自己想要的生活该如何实现？

朋友毅然离开了男友，很多人说她矫情，男生忙着工作，忙着打拼事业，只是不能陪你看个电影吃个饭，就说分手，不是矫情是什么。她说，"懂得时间的人，知道如何安排工作和生活。"

[2]

而现在大多数的我们，都不懂如何安排工作和生活。在时间被推上神坛的年代，几乎每个人都要跟房价、物价赛跑。每个人需要加班熬夜、奋笔疾书、拼尽全力……把全部的时间和精力都透支。但是，发现工作生活依旧乱作一团。

上周听闻一个26岁的姑娘因为加班熬夜患了卵巢癌，春雨医生创始人兼CEO张锐先生，因突发心肌梗塞，年仅44岁……听到这些消息的时候，还是震惊了。然而，震惊之后，依旧继续陷入欲望的泥潭。熬夜加班，更多的是熬夜刷手机，刷电脑。好像毒瘾一样，没有到深夜，死活就不入睡。好好生活？没有时间。手机上还有事情没有处理。死亡？这么远的事有什么好怕的。

我们觉得自己年轻，自己百毒不侵。从没有想过，这些慢慢积累的疾病，正一步一步地吞噬着我们的生命。问了几个朋友，每天都很忙，但是工作上却依旧一事无成。他们说，这好像成了一种习惯。忙，什么都忙。我们好像是一台机器，忙着没有时间吃饭，忙着没有时间睡觉，忙着没有时间和父母打通电话，忙着没有时间去放松自己……但是，却又肆无忌惮地在各种场合刷手机。在吃饭的时候，上厕所的时候，应该入睡的午夜，应该去放松的周末。

我们把熬夜当成习惯，把忙当成借口，终于，把生活过成了垃圾场。每天觉得时间不够用，永远有做不完的事情，循环往复，直至心力交瘁。

[3]

朱光潜先生曾说，"做学问，做事业，在人生中都只能算是第二桩事。人生第一桩事是生活。我所谓'生活'是'享受'，是'领略'，是'培养生机'。假若为学问为事业而忘却生活，那种学问和事业在人生中便失去其真正意义与价值。"

这番话，值得我们每个人深思。我们每天的忙忙碌碌，究竟是有目的还是只是自我安慰，这些只有自己明白。是的。在这个年代，我们必须拼尽全力，才有机会过上自己想要的生活。世界上有六十多亿的人口，能安排自己的意愿生活的人少之又少。

《简·爱》中有这样一句话，"人的一生肯定会有各种各样的压力，于是内心总经受着煎熬，但这才是真实的人生。"

人生虽如此，但人生的选择和时间的分配权却在自己手中。

停下来一秒，问下自己，你是真得忙吗？还是为碌碌无为的找借口。别再零售自己的时间和生活了，这样不会有好结果的。并非所有的事，追求快，才会有好的效果，麦家先生曾花费11年，完成《解密》。12年后，被翻译成33种语言，成为世界现象级畅销书。有时候正因为慢，才更能看清自己想要什么。

[4]

　　李欧梵先生在《人文六讲》一书中写道：现代人的日常生活应该有快有慢，而不是一味地和时间竞赛。什么叫有快有慢？用音乐的说法就是节奏。如果一首交响曲从头至尾快到底，听后一定喘不过气来，急躁万分。所以一般交响曲都有慢板乐章，而且每个乐章的速度也是有快有慢的，日常生活上的节奏和韵律也应该如此。

　　那些因为忙碌，而把自己生活变成垃圾场的人，请抽时间慢慢清理吧。也许，当时间和生活都回到自己手中，我们才有更高的效率去完成工作，更多的精力去追逐自己的梦想。

　　所以，不管梦想有多大，工作有多忙，不要再零售自己的时间和生活了，学会把握快和慢的节奏。比如用最快速的时候处理邮件，写报告，完成简单的执行性工作……用最慢的心情与家人共进一餐晚餐，看一本好书。

　　正如德国作家黑塞所说：世界上任何书籍都不能带给你好运，但是它们能让你悄悄成为你自己。

不必把自己塑造得太清高

小时候，我家附近住了这样一个人。因为家境贫寒，生活郁郁不得志，她每天的事情就是骂人，骂比自己有钱的人，说那些人丧尽天良，不知道用了多少欺骗手段才赚到了钱，昧着良心的钱赚多了，迟早会遭报应的，并诅咒这些人子子孙孙不得安宁；也骂那些比自己有权的人，说最肮脏的就是这些人了，什么见不得人的勾当都干，以后都要断子绝孙的；当然，她骂得最狠的，是那些长相漂亮，并且嫁得很好的姑娘。

但凡被她看见，她就会说："这些女人啊，都太贱了，眼里就只有钱，爹妈都白养了她们。"

总之，在她眼里，只要是嫁得稍微有钱点的，肯定没有感情，都是为了钱，都是下贱的女人。

小时候，我是很怕她的，觉得她面目狰狞，不过她也吸引了几个人，没事那几个人就聚在一起，骂骂这个，说说那个。

因为我爸没钱，我妈没嫁给有钱人，所以她对我算是友善的，只要看见我就会含沙射影地对我说："做人要有骨气，以后你长大了要记得远离那些妖艳贱货哦！可别被那些人带坏了。"（意思差不多就是这样吧！）

那时候很少有远嫁的，亲戚之间都住得很近，她有一个妹妹，跟她完全不一样，她妹妹善良、勤奋、上进，在我刚刚上小学时，她妹妹考上了清华，是我们那里第一个考上清华大学的，毕业后先是进了新华社，后来听说又当了外交官，再后来嫁给高官，这些事，都是听我妈零零碎碎给我讲的。

我们那里是很讲究亲情的，她妹妹一路攀升的时候，没有忘记自己还有一个穷姐姐。通过夫家的关系，让姐姐、姐夫承包了一项工程。

从此，她们的人生就像开了挂一样，没多久就听说在市区买了套房子在装修，之后是杭州、苏州也买了房子。

她家的生活发生了翻天覆地的变化，一起改变的还有她的话风，她不再骂曾经十分厌恶的人，转而成了追捧。这时候，她再看到有钱人会说：人啊，还是要有自己本事的啊！你看人家多有本事。

再看到有人嫁给有钱人，会说：人家命就是好啊！这种事情都是命里注定的，都是羡慕不来的啊！

然后，更值得深思的是曾经和她一起的那几个人，是骂她骂得最凶的。

说她是小人得志，不就是靠了妹妹的裙带关系吗？说她得意不了多久，穷命担不起富贵，甚至诅咒她们一家赶紧落魄。

后来，大概是外面发展得太好，他们一家都搬走了，不过公婆还在，所以逢年过节她们还是会回来。

我记得当时只要她们一回来，原先和她好的那几个女人，就会在背后用最恶毒的话来诅咒她，讽刺她。

那时候，虽然我只是一个十几岁的孩子，也算是给我上了一堂活生生的人性课。

我至今记得我爷爷当时对我说的一番话："乌龟王八，半斤八两，这些人哪有什么底线。没钱的时候，骂有钱人，骂有特权的人，如果给她们一个机会，可以让她们变成有钱有权的人，那时候连祖宗都可以不要。"

当然，小县城的女人们都是直来直往的，很少懂得掩饰自己，所以她们虽然恶毒，倒也不虚伪。

其实，这样的人，在我们身边比比皆是。

有一次，莫言在一次访谈中讲了一个反腐的例子，他的一个朋友常常大骂腐败分子的各种特权腐败行为。可是有一次，朋友的孩子要上重点学校，按正常标准，是上不了的，于是，他请莫言出面给当地的有关部门打招呼、走后门。莫言就问他：你不是最憎恨这些事情吗？朋友说，"我是为了孩子啊！这和腐败特权不一样。"莫言答，这就是走后门，特权腐败。

这件小事充分说明了很多人的心态：我们痛恨特权，是因为享受特权的那个人不是自己；我们骂有钱人为富不仁，是因为有钱的那个人不是自己；我们鄙视嫁给有钱人的姑娘，三观不正，道德低下，是因为我们自己没有这种机会，所以才会由嫉妒转为憎恨。

记得有一次，参加一次聚会，席间一位朋友痛心疾首地谈起自己一位同学，结识了一个有权的人，各种巴结奉承，结果扶摇直上的事。那时候找很白，就问了个很不合适的问题：你看不起他们，如果给你这种机会，你会怎么做呢？

他想了三秒钟说：不怕你们笑话，我也会这么做，有权有势的人愿意扶持自己，没几个人能抗拒这种机会。

我欣赏他的直白，起码他愿意袒露心中最真实的想法和人性中的弱点。

我一直认为，真小人，远胜于伪君子。

想一想，当某人嫁了有钱人，一堆人认为她出卖感情，爱慕虚荣时，到底有几分嫉妒和羡慕呢？当然，有人会说，我是真的看不惯，如果是我，我肯定不会这样做。

我想说，等你有了这种机会再说吧！另外，你不是她，怎知她不是为了爱情呢？也有人会说，不是每个人都这样的。这点我认同，这世上有的是高洁之士，有些人可能真的视金钱如粪土，真的已经达到了一定的境界，是我们很多俗人都无法抵达的境界。

但是，请一定相信，真到了这种境界的人，她们如一脉清泉，涤荡人心，不会愤世嫉俗地指责这个，打击那个，她们不屑金钱，更不屑这种宵小行为。

想一想，当别人成功时，有人会说，我喜欢淡泊名利的日子。有的人成功后，放弃了一切，过着简单朴素的生活时，他真的是淡泊名利了。至于有些人的淡泊名利，还是等有机会接触名利时再说吧！因为，真正淡泊名利的人，早已对名利不为所动，根本无须以此标榜自己。

想一想，当别人抓住某个机会突然成功时，有人会说，投机取巧，不会长久，想想看，到底是对自己无能的愤怒，还是羡慕别人的机会？很多人的不要，不过是得不到而已。

其实，承认自己无能，是最大的勇气，正视自己的情绪，是最大的成功。当一个人能够面对自己真实的内心时，从某一个角度而言，已经算是成功了，起码，你不必再自欺欺人。通常，自欺欺人的人大都会过得很扭曲很纠结，一边说不屑，一边又嫉妒得要命，时间长了，会严重影响心理健康。

我们都不是圣人，不必把自己塑造得太清高，很多时候，别人的幸福和成功，没你想的那么龌龊，你所谓的正义，也没你想的那么高尚，到底是因为看不惯还是得不到，答案自在你心。

{ 找到你 合适的位置 }

只有物尽其才，人尽其用，才能真正发挥其应有的作用，实现自身的价值。在生活中，每个人都要尽可能找准自己的位置。很多人抱怨自己怀才不遇，其实是你被放错了地方。

人一旦被放错了地方，就是垃圾。这里"垃圾"的意思，不是说你一钱不值，而是说你的境地压根就无关你的才能。你纵有用武之力，但无用武之地，是"锅台上跑马，兜不了多大圈子。"

"五七干校"中很多干部、很多知识分子被下放，到农村去劳动，他们的农耕水平还不如一个平常的老农。能研究原子弹的未必能煮得了茶叶蛋。北大的教授未必能将农场的猪养得白白胖胖。

记得上大学的时候，有一年暑假，在农村老家参加卸炉、劈柴、系柴、上炉，活干得笨拙和陌生，远不及一个村里的小儿，本家一个老兄就笑话我："哼，你还是大学生呢？"虽然很无奈却是实情。

前段时间，北京大学女研究生苏黎杰做了个油漆工，她的油漆技术的起点和小学没毕业也干这个活的人是一样的。干的活儿无关高学历。那个华中师大人类性学专业全国第三个性学硕士研究生彭露露，虽然，"一般一般全国第三"，因为没有用人之处，和小学没毕业的找不到工作的人一样找不到工作。

身在教育，说说教育。现在的中小学学校里，尤其是农村，有一种错误倾向，当然或者是出于无奈，就是在安排教师任课上存在一种浪费人才的随意性。一个教师，本来他的专业是中文，偏偏让他教政治。有的老师本来专业是数学，偏偏让他教化学。等等。这样安排工作，不利于教师的专业发展，到头来不利于孩子的学习。没学这个专业，偏偏要教这个专业，教师教得就会吃力而且没有深度，以己昏昏，难使人昭昭。而孩子学的就往往是课本上的东西，知识没有得到拓展。要交给孩子一杯水，老师有一碗水、一桶水、一池水的效果是不一样的。

一个人找不到自己的位置，这正如：你是一只兔子，却在游泳队任职。你是一只乌龟，却在长跑队工作。这是让曹操的"旱鸭子"部队去打水战，是让大宋的步兵去和边疆的游牧部落对抗骑射，是让大学教授教育幼儿园的幼儿，是让高射大炮轰打蚊子，是让扶不起来的阿斗治理国家，是让久居皇宫的溥仪成为平民后自己去做红烧鱼，是让鱼目做珍珠，是让大钞做手纸。

一场大水后，只有两个人得以幸存。他们在洪水到来前的最后一刻，爬上了最高的一棵树。甲逃难时带走了家里的干粮，乙带走了家里的金元宝。后来，乙饿死了，甲坚持到最后，捡起元宝返回地面。

在一定的处境下，窝头比元宝更金贵。

在这种情况下，你纵是一块大金子，就是自身再努力，也白费，你也逃脱不了成为垃圾的命运，难以逃脱注定出局的结局。

明朝冯梦龙《古今谭概》俗语云："龙居水浅遭虾戏，虎落平阳被犬欺。"又有俗话云："落魄的凤凰不如鸡"。事实就是如此。看现实生活中，多少干部在任时，有着雄才大略的英武，有着风流倜傥的俊逸，调兵遣将，指挥若定，运筹帷幄之中，决胜千里之外，一旦退居二线，面容也萎缩，行动也迟缓，提着笼子架着鸟，马路之上靠边站。不是他没有才华了，而是没有施展的地方了。

人得其所，这是人生的关键。

刘备算得上是《三国演义》中的英雄，有用武之义，有用武之气，有用武之才，但无用武之地，正是诸葛亮的隆重对策，指出了以西川为用武之地的策略，正是切中要害，从此让刘备一步一步壮大起来。再退一步讲，如果刘备安于"贩屦织席为业"，张飞安于"卖酒屠猪"，关羽安于推车挑担，没有结义后的以天下为自己用武之地的抱负，也就没有了这段波澜壮阔的三国历史了。

现在很多地方热衷于会展经济，官方常用的话语就是"文化塔台，经济唱戏"，台，就是平台，就是媒介，就是用武之地。台，是形式。但没有这个形式，就不能达到"唱戏"的目的。

何谓明智？知人者明，自知者智。正如真理和谬误只是一步之遥一样，天才和垃圾也是一步之遥。每个人，在有了知识和技能储备以后，下一步就是找到自己的"位置"，找对了位置就是天才，找不对地方就只能如同垃圾。聂卫平下棋很厉害，但比长跑可能不如我们。刘翔跑得很快，下棋水平可能比我们差远了。姚明别看打篮球是好手，比赛写稿子，很可能跟我们差一大截。但他们三个人，都是世界冠军，是因为他们找到了自己的位置，然后在这位置上付出了自己的不懈努力。

说到这里，又想起唐代韩愈的《马说》了，"千里马常有，而伯乐不常有。故虽有名马，祇辱于奴隶人之手，骈死于槽枥之间，不以千里称也。"千里马常有，但伯乐不常有，你纵是一匹千里马，但是你的处境是"槽枥之间"，而不是任你驰骋的疆场，你就只能是"辱于奴隶人之手，骈死于槽枥之间"的结局了。

找准位置，你就是一条龙。

找不准位置，你就是一条虫。

当然，要先成为千里马，然后去找你属于自己的"位置"。

人怕找错行。现在的大学生，到大学读书，一定选择自己喜欢适合自己的专业，然后学深，学透，学精。走出校门，力争做到专业对口，这样才距离做出成绩的目标不再遥远。

有个"漂母饭信"的故事，在这里提一提。韩信年轻时，家里很穷，经常吃蹭饭。有很多妇女在河边漂洗丝纱，有位老大娘看见韩信饿了，就匀出自己的饭给韩信吃。韩信感激地对这位老大娘说："达志以后，一定要重重地报答您老人家！"谁知这位老人非常生气："你作为男子汉，居然不能养活自己！我是看着你可怜才给你饭吃的，谁指望你报答啊？"就是这位养活不了自己的韩信，却有着杰出的军事才能，"韩信将兵，多多益善"，找对了处所，就是一个将军。找不对处所，就是一个流浪汉。

如果刨除有意而为的因素，姜子牙如果遇不到文王，或许以后只能是一个垂钓的隐士。同样，如果刘备一顾茅庐就摔门离去，或许诸葛亮以后就真要做一辈子布衣而"躬耕陇亩"。

是一匹骏马，就不要局限在锅台边跑马，而要到广阔的草原上驰骋。

是一只雄鹰，就不要习惯在檐下低回，而要去搏击长天。

"人放错了地方就是垃圾"，这句话倒过来考虑，就是如果你现在感觉你的处境很垃圾，不妨换换自己的心理环境、工作环境，或许就是一片新天地。这就是人们常说的"树挪死，人挪活"了。当年的著名吕剧表演艺术家郎咸芬，就是因为处处受排挤，一怒之下，"誓将去汝，适彼乐土，乐土乐土，援得我所"，离开了剧团，来到了省城济南发展，"此处不留我，自有留我处"，找到了自己的用武之地，很快成为全国著名的吕剧表演艺术家。代表作吕剧《李二嫂改嫁》，引起全国轰动。

有了自身的才干，然后找准自己的位置，这是走向成功的前提。

别弄丢了
你的小倔强

[1]

十年前的我，还不认识他，当时的他也只是一枚小编。跟每个"北漂"一样，挤地铁，加班。

他大学专业读的是建筑学，爱的却是音乐，最终还是没有听从父母的话，换了个行业"搬砖"。

然而与大多数人不同的是，他争取每一个机会。

试用期那会，他接的第一份任务，是给乐队选拔赛的音乐分类，操作简单但工作量极大。仅仅一周，他熬夜加班完成了所有工作，听了每一首参赛歌曲并仔细分类出来。

而正是这样的细节打动了领导，使他获得了这份工作。

后来和我们所预料的一样，他越混越好，领导让他放手去干。

自己导了部网络剧，在外拍戏也不忘记跟同组的"大咖"宣传，于是吴君如和曾志伟成了他的粉丝。

有人说，他背景可真够硬的，《煎饼侠》里那么些个大明星都给他捧场。

而这些人却不知道，当时的他只身背着双肩包，买了张机票就跑香港当"狗仔"。

四处打听古惑仔四人同时出席活动的时间，见缝插针地约到了四个经纪人，在15分钟的时间里，用详细的分镜手稿和十足的诚意打动他们。终于，解散18年的古惑仔，在他的电影里回归了。

他时常带着个小本子，在电影点映现场，他会躲在人群里数观众的笑声，记录下观众们的笑点和频率。

在我们的印象里，他一没颜值、二没身材，三没后台。啥也没有的他，却硬是混出了个名堂来，耍出了个花样儿来。

"有时候正是那些最意想不到的人，能做出最超出想象的事。"

[2]

在这个看脸的世界里，颜值不够的人想着如何变美，颜值足够的人却随时可能被冠以"花瓶"的头衔。

几年前，当我们还嫌弃林志玲娃娃音做作的时候，一定没想到今天会被自己打脸。

当年女人觉得她是公主病，男人觉得她是花瓶。

然而她也曾为摆脱花瓶的称号，剃过光头、演过村姑泼妇，执导过纪录片，情人节一整天待在剪接室忙着剪片。

作为一个高颜值、高学历、高情商的女神，最让人动容的，却是她总是保持着专业对待经手的每一件事，保持着温柔照顾着身边的每一个人。

出席活动时，由于身高比嘉宾更高，为了表示对别人的尊重，她会习惯性地屈膝降低高度和嘉宾握手。

金马奖典礼上，她熟练运用日语和妻夫木聪无障碍交流，让这位海外嘉宾宾至如归。

在真人秀里，她到每个景点都能充当小导游，团队间出现沟通问题时，她会蹲下来陪在队友身边耐心聆听沟通。

她说："这些年来，我不变的部分，就是我自己最原本的个性。因为我知道，这一切，有一天很可能离我而去，如果我今天因为自己的光彩度而改变了价值观、改变了我对他人的态度，到最后，我自己会是最受伤的一个。要保持着原本最真实的核心，最真实的自己，最单纯的一个心境。"温柔如她，却依旧有着不为人知的小倔强。即使是花瓶，她也要做最耐用的那一个。

我们曾经等待着她的教养破功，到头来却被她的温柔打动。她是林志玲，用温柔推翻了整个世界的流言蜚语。

上学的时候，班里总有那么一两个同学，门门功课都优秀，人见人爱，花见花开，连自己都会感叹有个这样的闺女当妈的该有多省心，但羡慕嫉妒恨却多过于放手搏一回的倔强。

［3］

冯小刚说，有个导演呀，最让他害怕。

他听过了很多人批评他的电影，大多都是围绕着"商业"高谈阔论。

而这哥们，却对他说："电影应该是酒，哪怕只有一口，但它得是酒。"略过表象，戳进了问题的实质，让冯小刚出了一身冷汗。

这个导演是姜文，对他而言电影是一件非常神圣的事情。冯小刚曾说过，如果将电影比作一场战争，他是加里森敢死队的哥们儿，而姜文则是热爱战争的巴顿将军。

这个身高一米八、体重九十多公斤，浑身上下散发着过剩荷尔蒙的男人，是一个毫无疑问的硬汉。

和他工作过的人，都知道他有完美情节的强迫症，台词都要在几个老编剧写了几轮的基础上，再让跟组编剧每天打磨，等他半夜演完收工回来"验货"。有时晚上收工回来编剧们都睡了，也逃不过被挖起来挑灯见面的可能。姜文把这个过程叫"榨干"，也叫"提纯"，他说台词一定要"香"。

拍完《让子弹飞》后，他曾整整消失了一年，后来大家才发现，他带着两孩子"移民"新疆阿克苏，把衣来伸手饭来张口，出门秒变怯生生的两只"小白兔"，愣是训练成了在高原上大气不喘，拎着小弓箭追着野兔射，一饮而尽山泉水的小男子汉。

看来，告别了高歌猛进的青春，中年的姜文依旧过得很摇滚。

[4]

我打开微信一看，是闺蜜Jessica发来的消息："嘿，周六下午有孟京辉的话剧，走起？"我和Jessica高中相识，自那时起她就是个话剧迷，托她的福，我陶冶了不少思想情操。

说起来，Jessica和她前男友小P也是因话剧相识。大学话剧社团纳新，热情似火的Jessica二话不说就报了名，此后便跟随着社长小P搞活动、排话剧、写剧评，三不五时地相约出去追求艺术人生。共同的趣致追求，长期的相处沟通，使他们不出所料地走到了一起。

小P的出现，让我顿时被打入了冷宫。从三人出游的灯泡辉煌，过渡到两人同行的风花雪月，我也因此脱离了高级趣味。

原以为如此合拍的他们会共同携手奔小康，白头偕老共建社会主义现代化。没想到丈母娘嫌弃毕业后的小P卖字为生，将来无以为继，考虑到女儿的未来，还是棒打了鸳鸯。他们因为话剧结缘，却也因话剧分离。

如今的Jessica依旧热爱着话剧，我也再次被扶回了"微服出巡"的正宫。可惜，这周末我加班，不过话剧少女还是去了。

"你猜我在剧院遇到了谁？"

"谁？"晚上9点时分，Jessica的一通电话惊动了此刻静谧的夜晚。

"小P！"

"瞧你这激动劲儿，别告诉接下来的剧情更狗血……"

"还好吧，聊了一下，他还是那么风趣。你知道吗，他还记得……"

挂断电话也该洗洗睡了，看来Jessica对这次的偶遇很满意。此刻的小P依旧卖字为生，貌似还混得不错。自从上次被丈母娘打击过后，好像也没减退他追逐梦想的热情。

正如联想推出的三款联想小新笔记本，刻画出了奋斗中的群像：领先进取，逆袭一直在路上的经典版就像是屌丝逆袭的大鹏，明明可以靠脸，偏偏要靠性能的出色版就像是用专业和温柔击败流言的志玲姐姐。而"To be a bigger man"，纯爷们专属的"Bigger"版就像是硬汉导演姜文。靠谱的产品质量，就像是心底的那股倔强。尽管生活总在变着花样坑我们，但那股倔强的底气一直潜伏在形形色色的你我之中，不肯认输。

12月5日，联想小新举办的"小新有FunDay孟京辉话剧专场定制活动"，机缘巧合下让Jessica和小P再次相遇，特殊的情境引起了他们的共鸣。不知道接下去的他们会怎样。不过，相信拥有那股倔强的人，运气总不会太差。看来我也得好好关注下联想小新，说不定下次的活动里，也能转角遇到×××呢。

也许我们没有改变世界的伟大理想，也不知道未来的自己会变成什么样，但人活着如果没点倔强，那和咸鱼有什么区别。就算是咸鱼吧，也得是会打挺的那种吧。

{ 在他人的眼里，
找到更好的自己 }

[1]

我在的一个微信瘦身交流群里，姑娘们分享决心健身减肥的初衷。

不少人说起自己减肥成功前后，周围人的态度反差有多大。一个姑娘，从一百四十斤瘦到如今的两位数，有感而发，很诚恳地写了很长的一段话：

"是的，你胖或瘦，真正爱你的人是不会介意的。

但是，我瘦了全世界都说他有眼光，可谁也不知道，在我胖的时候，大家都说他眼瞎。他从来没给过我压力让我减肥，只有一次我因为胖生病了，他才提过一句。

我瘦了之后，很多人问我会不会抛弃他。我说，我们是真爱，不会。我瘦了，再看到以前对我爱理不理，现在反倒凑上来献殷勤的，都会觉得很虚伪。

我胖是我，我瘦也是我。

我拼命减肥，不是为了迎合那些人肤浅的审美，而是为了遇见更美好的自己，也是给他一个美好的自己。"

[2]

他是我最近认识的一个朋友，来自印度的中年大叔，皮肤黝黑，睫毛很长，每天在图书馆卖命地学着汉语。

有一次，他坐在我旁边，埋头做着汉语练习册。校对答案的时候，他有不懂的，便拿来问我。

那是一幅幽默漫画，他理解不了其中的幽默，我费尽口舌跟他解释了半天，他点着头把练习册拿回去。

过了一会儿，他可能觉得自己还是没懂，又拿着那幅漫画来找我，很不好意思地问，能不能再帮他解释一下。

我暗自佩服他的用心：说真的，换作我，一定宁可想不通，也不好意思再问了。

我扫过练习册，上面有他用铅笔写下的汉字，很稚气，每个字都很大，歪歪扭扭，像小孩子的笔迹。

这么大年纪，来到一个完全陌生的国度，学一门完全陌生的语言，应该很不容易吧？

我开始留意这个大叔。

大叔可以一天写掉一整本练习册，书上只要求造句一句，他每次都造三句，图书馆里其他的人常常拿着手机刷屏，而大叔几乎从来没看过手机。有一次他掏出手机来，我才发现，他用的不是智能手机。

一来二去，彼此认识以后，我跟大叔交谈了起来。

他告诉我，他在印度已经有了妻女，中年出国留学，她们的支持和理解真的很重要很重要。

说这话时，他的眼神里闪着别样的光。我被这神情深深触动。大叔这么拼，或许是因为，不想辜负，千里之遥的远方，那一份温柔的期待吧。

[3]

你有没有过很努力、很努力，只是因为不想辜负一个人的期待？

一个读者和我分享了她的故事。她一直记得，小时候外公对她说，你要好好学习，不要像外公这样没读过什么书，什么也不懂，外公还盼着你以后给外公买吃的呢。外公跟她说这话时，没注意手上的刀，左手手掌被刀割伤了。

她后来很用心很用心地学习，只为了不负当初外公的一句话。

[4]

在很遥远的初中时代，语文老师让我们写周记，内容不限。

那时候的我，过得并不好。挣扎、痛苦、难过、绝望，经历着青春期所有糟糕的情绪。有一周，我在周记里记下了自己混乱的心绪，洋洋洒洒好多页。现在看来，一切早已无足轻重，但当时的我，深陷于那些负面情绪，无法自拔。

第二周，周记本发下来。我本以为老师会不屑于我的胡言乱语，没想到，她用红笔写下批注："你是一个对生活很较劲儿的、认真的女孩。"

除了我之外，再也没有谁会记得这件事。而我至今还保留着这本日记本。

我告诉自己，我要一直做一个对生活很较真的女孩。在心里向老师证明，她当年没有看走眼。

[5]

另一个读者的故事，她学生时代暗恋过一个很优秀很优秀的男孩子。男孩成绩很好，一直鼓励她在学业上要努力，把自己的整理笔记借她看，甚至还在电话里耐心地给她讲题。

他是她遥不可及的梦，因为想要离他近一点点，她很用功很用功，几乎到了悬梁刺股的地步。所有的付出，都在想到他的那一瞬都变得有意义起来。

后来，他们还是没有在一起。

再也不会有期待餐厅偶遇时的东张西望，再也不会有回眸看到熟悉背影时的欢欣雀跃。

其实，她一开始就明白，他注定是她生命里不可能的人。可是，她从来没有后悔喜欢过他，甚至感激自己因为喜欢他而努力变优秀的日子。

她说："没有他，我不会变成今天的我。"

[6]

社会学领域，有一个贴标签的理论。当你被别人贴上坏孩子的标签，你就更可能变成坏孩子。

感谢曾经看好我们的人，父母、前辈、朋友、恋人，抑或是仅仅出于客套的陌生人……因为被期待，我们肩负起一种使命感，想让自己变得像对方所说的一样好。

我不会为了他人的眼光活着，可是在你眼中，我找到了更好的自己。

我的努力是为了自己，但如果没有你，我可能做不到这么努力。

谢谢你。

挥手告别那些
遗失在时光里的朋友

[1]

一个朋友和我微信聊，说自己去南昌出差，本来日程安排得很紧，但为了见一个十年未曾见面的老同学，特意推掉一场讨论会，赴一场友情之约。除去刚见面时略显激动的十几分钟，将近两个小时的饭局，她都处于"精神紧张"状态——几乎每句话说出口之前，都要想想会不会伤害老同学敏感的神经。

比如，老同学问："你家的房子多大啊？"她答："不大，110平的三居。"老同学就来一句："北京房价十万一平，你这都千万富翁了，我们现在一家四口也不过挤在80平的老房子里。"

比如，老同学问："平时你们都带孩子去哪儿玩啊？"她答："孩子4岁，也就近处走走，中国台湾、香港地区，以及泰国、新加坡转转。"老同学来一句："都是出国游啊，我这连护照都没办过的人真是觉得对不起孩子啊。"

比如，本来说好东道主她来埋单，看到服务员递过来的结账单，"有了孩子很少出来吃饭，这一顿饭没见多少菜，就快顶我半个月的工资了"。

一来二去，朋友觉得有些无话可说，因为无论她说什么，那老同学总把自己贬得有点不堪。事实上，朋友的这老同学生活得挺滋润，她是一家四口挤在一套80平的房子里，但另有两套投资房没说；她是基本上不外出旅游，但原因不是没钱去，而是她本身就对旅游没半点兴趣，读大学时就是有名的宅女；她是很少外出就餐，但她老公本就是某知名酒店的中餐大厨。

大学时，这朋友虽然和这位老同学好到可以穿同一条裤子，但十几年的光阴，已让她们两个有了巨大的鸿沟——你谈你的理想情怀，她说她的家长里短，俩人无话可说，你们之间除了追忆往昔，只剩下尴尬无言。

[2]

很长一段时间，我也曾为莫名其妙消失的友情流泪不已。

初入学，她睡我上铺，我们都不是本地人，都来自小地方，都喜欢看小说，喜欢没事穿着校服满城市乱转，都不喜欢所学的专业但喜欢专业的就业前景。

我们俩最好的时候，几乎成了连体婴儿。哪个同学想找我们其中的一个，只要问问另外一个就可以了。

她身体不舒服，我去食堂打饭回来给她吃，然后给她洗碗；我来大姨妈，她帮我洗衣服。她失恋，扑在我怀里嚎啕大哭，我心里默默把那个负心男的祖宗十八代问候一遍；她"十一"放假回外婆家，不放心我一个人在宿舍，带我一起去她外婆家小住。

她去见半生不熟的老乡，我不放心她单独前往，陪她坐出租车去"龙潭虎穴"以确保她的安全；我痴迷上网，任性通宵去聊QQ，她坐在我身边整夜不曾离开……

直到如今，敲下这段文字，我们之间的曾经，还会让我湿了眼眶。只是，我以为可以一生一世的友情，却在某一天冷若冰霜。没有争吵，没有过节，处同一屋檐下，却形同陌路。有几次我想同她说点什么，回应永远是

"嗯"、"哦"、"好"、"行"。

这段友情，成为大学最后一学期以及毕业后两三年压在我心口的巨石——曾经有多美好，失去时生活就有多灰暗；曾经有多在乎，失去时就有多难过。

直到某一天，看到梁实秋在《送行》中说："你走，我不送你；你来，无论多大风多大雨，我要去接你"突然明白："有些事情的改变，根本找不到原因"，才对这段友情的结束释怀——就如同喜欢上一个人没有道理一样，想疏离一个人，很多时候也没有缘由、不分对错。

自此，我渐渐习惯了生命中的人来人往。有人和我热络，却不让我看她的朋友圈，我可能会问个究竟；但如果有人把我删除或直接拉黑，我从来不会追问：前者可能存在误会，而后者直接表明了不再往来的姿态。

[3]

刚和北京的高中同学"勾搭"上时，在微信群里相谈甚欢，头一次大聚会前，同学们的工作以及工作地点，配偶的工作以及工作地点，有没有娃儿以及娃儿的年龄都了解了个底儿掉……

一个女生看我们聊得很"high"，直接来一句："你们把话都聊完了，见面聊什么呢？"

这话让我深思，人格成熟的好友一起聊天，早就远离滔滔不绝倒苦水的节奏，共同的兴趣、追求以及彼此带来的成长感，才能让友情走得更远。而浮于表面的"查户口式"的交流，往往会让谈话陷入绝境。

如果一场见面，不是"相谈甚欢"而是"绞尽脑汁"，基本上就没有下次了。

对于我们终将逝去的友情，伤感自是难免，但"好走，不送"的豁达才是我们要修炼的终极目标。他们虽然不再参与我们的未来，但那样赤诚地照亮过我们的过去，让我们铭记初识的幸福、长大的痛楚。

绝大多数情况下，友情也和人的年龄一样，是个永恒的变量。小时候看动画片津津有味，长大后就会觉得那些情节太过幼稚。曾经的好朋友，掏心掏肺时我们付出真心；当两个人再无话可说，也是内心最真实的感受，慢慢离开对方的生活或者坦然接受对方的离开就好。你谈你的柴米油盐，他谈他的理想情怀，恍觉俩人再也无话可说，唯有尴尬无言。

人世散尽凉薄，缠绻惦念一生。

就像宫崎骏说的那样："人生就是一列开往坟墓的列车，路途上会有很多站，很难有人可以自始至终陪着走完。当陪你的人要下车时，即使不舍也该心存感激，然后挥手道别。"

带上梦想
风雨兼程

上天不会辜负任何一个勤奋刻苦的人！

世界上最近的路，

就是脚踏实地、

全力以赴，

一直向着自己目标奋进的路！

向着目标，全力以赴

就昨天晚上，天已经黑了，再过十几个小时就要进考场了，小女儿还在打退堂鼓励。明显的考前焦虑症，做什么都不会，背什么都记不住。可是，在向我哭诉了一阵之后，小女依然坚持去自习，一直到晚上十点多才从自习室回来！

一年来，小女儿去上自习，连手机都不带！在我们蹲马桶都离不开手机的时候，她能做到这样，要有多大的决心和毅力呢？

我不知道，一个人要有多努力，才能让自己不失望；我也不知道，一个人要有多大的勇气，才能经得起这样心理的起伏和煎熬！但我相信，一个人所有的努力和付出，没有一点会白白浪费！

下午，我一个人坐在朦胧的阳光里，想着小女儿一会儿又进考场了，心里七上八下的，怎么都坐不住。不想看书，不想看电视，不想听音乐，也不想出门。只想默默地，给女儿传递哪怕一点点的心理支持。于是，我开始静坐，向我知道的所有的神灵祈祷。很快我便释然了，上天从来都不会辜负任何一个勤奋刻苦的人，何况我这么出色的小女儿？

我勤奋刻苦的小女儿，这一年被折磨得几近疯狂，就昨天晚上还在不停地读英语、背政治。状态好的时候，她如饥似渴，状态不好的时候，她也怀疑自己，也打退堂鼓，也歇斯底里地发疯！但每次都是发泄一下，又赶紧去自习。

有时候我也想，为什么我的女儿活得这么累，人家没考上大学的孩子，不一样活得好好的吗？可是我女儿不甘心，她拼命地要求上进，拼命地喜欢北京对外经贸大学！

一个人这么努力，到底为了什么？是为了父母，还是为了自己？是为了换取成功，还是为了超越过去？是为了改变命运，还是为了挑战生命？

我问过我女儿，她说都是，又都不完全是。有时候这么努力，就是因为不甘心！不甘心自己就这么，开始了自己波澜不惊的一生。她说有时候觉得，人生就是爬山，当你达到一个高度的时候，你总想试一试，看看自己还能不能攀上更高的高度！

那天和朋友一起吃饭，他三个儿子都没上大学，都已经成家立业了！而且他的大儿子，不但自己在济南买了房子买了车，还把他最小的弟弟也带到济南去了。

儿子没上过大学，我这朋友又没有万贯家财，他儿子凭什么在济南买房买车呢？

他说，当初他儿子没什么本事，也只能出去打工。在南方一个工厂做电焊工，遇到一个女电焊师。那女电焊师特别牛，她闭着眼睛焊接的东西，你都摸不出哪儿是焊口。

他儿子不服气，她一个女人家能做到的事情，我肯定也能做得到！于是，为了让女电焊师收他做徒弟，只要那个女电焊师来上班，他儿子就不离她左右。终于，经不起他儿子的软缠硬磨，那个女电焊师收他儿子做了徒弟。

然后，那个女电焊师说：电焊是有技巧，但最好的技巧就是永远不讨巧！练得多了技术就好了，就这么简单！从此，他儿子就开始了自己的疯狂训练！电焊工地上，你只要肯干，就有干不完的活！为了拥有一流的电焊技术，他儿子几乎拼命了！

别人吃饭的时候他在焊接，别人睡觉的时候，他还在焊接！别人打牌玩手机的时候，他也在焊接！大家都说他傻，做再多老板也不多给钱，何苦呢？可他儿子说：我是在拿老板的东西练本事、练技巧！只要老板不反对，我就不停地焊！

结果，他不仅拥有了一流的焊接技术，还因此赢得了老板的信任，一下就从一个普通工人，做到了分厂的厂长，从而也赢得了一流的人生！

"画不要急于求成，也不要急于成名成家。人一生的精力是有限的，能集中精力在某一点上有所建树，也就不枉此生了。"这是喻继高先生说给他的学生袁传慈的。其实，这一句话，值得每一个有追求有梦想的人深思。因为，无论做什么，急于求成和投机取巧，都是成功路上的大忌。

去年，一个朋友的儿子高考，分数420多分。他想上学，却又不满意他报考的那些学校。在犹豫不决的时候，他打我的电话。我就问他，你上大学是为了什么？是为了尽快把大学上完，还是为了更好地提升自己？

他当时很迷茫，我就告诉他，如果你只为上大学而上大学，随便读个学校就行。但这样做的结果就是：三年四年之后，你可能连一份像样的工作也没有。如果你想好好提升自己，那么就去复读！因为这个时候，你将就一会子就等于将就了一辈子！

他犹豫再三，还是决定去复读！

当你拥有了真正的实力，你就拥有了面对一切的勇气，你不用仰人鼻息、看人脸色，也不用畏首畏尾、小心翼翼！

北京的房价高、济南的房价高，而且还一直在涨价，但是，依然有人买得起！有实力当然不怕房价高，也不怕物价高；有实力当然不用担心娶不到老婆，不用担心孩子上不起学，也不用担心自己老无所依。

就像一篇文章上说的那样：考研也并没有那么神奇，一场考试也不会立竿见影的改变你的人生。即使考上研究生，你也不见得会比你本科就工作的同学混得好。与结果相比，请更好地享受整个过程，迷茫，痛苦，无所适从，奋起直追！而且，考研远不是两天12小时的考试，更多的是一种成长，谁都无法拒绝长大，与硕士学位相比，考研过程中你学习的东西，才会真正使你受益终生。

其实我觉得，考研的过程，就是一个心理蜕变的过程，经历了这样的过程，你就拥有了面对一切的勇气！经历了这样的过程，你的世界，从此就云淡风轻！

实在忍不住又想起一则小寓言：同样的两块石头，一块因为不能忍受精雕细琢的痛苦，情愿做了庙门前的一块铺路石。另一块经受了精雕细琢的痛苦之后，成了庙里尊贵的佛像。不能忍受一时苦痛的，每天都要忍受被百千人踩踏的痛苦，忍受了一时痛苦的，每天仕享受百千人的虔诚叩拜！这就是差别！

上天不会辜负任何一个勤奋刻苦的人！世界上最近的路，就是脚踏实地、全力以赴，一直向着自己目标奋进的路！

{ 带上梦想，风雨兼程 }

我一直都记得。

那时我们都说要去很远的地方。

而我们在那段被称之为"时过境迁"的时光里，又留下些什么来丈量年轻的宽度呢？

是梦想。

总有一天，它要以翠绿的形式回归地面。

当时，还未明白苍白的现实究竟以怎样的姿态掌控着生命的脉搏，于是用愈加直白的方式抬头仰望这个世界，素面朝天。

小时候，当被老师问及"长大后想当什么"一类因重复多次而略显俗套的问题时，还是会很认真地思考一番，然后歪歪扭扭地在纸片上写下诸如"歌星"、"科学家"、"企业家"等等正统而光芒万丈的名词。显然，完全忘了考虑是否具有实践性。然后得意洋洋地伸头去看邻座伙伴写的是什么，互相比较一番。

在略微懊恼自己写得不如别人称心后，便大大咧咧地扯开了话题。所谓理想，便是不了了之。以至于一星期后再回忆那天纸片上所写的文字时，脑海里唯一的印象便是一大片荒芜的墨渍。

呐，自然不懂得落笔的重量，这一笔荡开，仿佛未来都在触手可及的地方静静地等待绽放。墨香不退，星芒不散。

很久以后的今天，除了喟叹年少时候太骄纵，更多地，还是怀念那些用浪漫的情怀来接纳未来的我们。

深深地缅怀。

杜牧曾赋一首《叹花》给一位爱而未得的女子："自恨寻芳到已迟，往年曾见未开时。如今风摆花狼藉，绿叶成阴子满枝。"

当韶华挥霍殆尽，转而寻觅当年巧笑嫣然的你，却自知已是迟了。曾经初见你的时候，你还没有长大，美好得像枝头的花儿。如今再回首，你已是晚风里飘摇的残花。绿叶成了荫，果实满了枝。可惜都不是关于我的。

对于我们，可否将这女子看作我们的梦想。曾经，她在年轻的光阴里肆意地灿烂，而我们却不懂得珍惜，当多年后懊悔地回忆起来，这梦想已经不属于自己了。

令人欣喜的是，早年也有立志当一位诗人的目标，并持续了一段较长的岁月。钟爱于长长短短的诗句，钟爱于诗里更富有张力的文字。

会攒下一星期的零花钱，在别人舔冰激凌的时候，我会加快脚步地离开，偷偷地咽下口水。只为了去买一本精致的本子。然后一笔一画地写下自己的诗。满心欢喜。

还记得本子的封面很好看，背景是一大片安静的熏衣草，一个穿着百褶裙的女孩被硕大的热气球拉得飘了起来，笑靥如花。像极了某个姑娘。

原以为梦想可以预见，在漫长而蜿蜒的尽头等我。

再也没有荆棘。

可惜成长注定是缓慢而残酷的。曾经那个关于诗人的、小小的梦，在繁重的学业前是那么卑微。梦想成了"志愿"、成了"大学"、成了"分数"。我们都不可免俗地追逐着这些，在年复一年的日子里，忘记了如何去波澜壮阔。

一些人，一些事，一些情怀，一些梦想，失了颜色，失了重量。

我听见有寂寞静静地滴落下来。

偶尔会在安静的晚自修上淡淡地出神，桌上摊开的数学题典让人禁不住皱眉，如果有人抬头，一定会看见我脸上惆怅的情绪吧。可是直到如今，依然没有人发现过。

至于那本诗集，如今正躺在我的床柜里，许久没有翻动过了。一些很美丽，很美丽的句子还是一如既往地美丽。

席慕容有句诗是这样的："在黑暗的河流上被你遗落了的一切，终于只能成为星空下被人静静传诵着的，你的昔日我的昨夜。"

梦想就像我所珍爱的人。是啊，你的昔日我的昨夜。

梦想是一生的信仰，它会停歇，它会转弯，它会悄悄沉默下来，可它一直都在。

也许我们因为种种，将它遗忘在泛黄的过去。别担心，它会记得回来的路。

我们已经长大，所以，一定要找回它，免它惊，免它扰，免它四下流离。

为了梦想，一定要风雨兼程。

带着父母的梦想 一起去旅行

[孩子送出门，修行在个人]

一个邻居，今天从硝烟滚滚的北京，飞到了一年只来一次的大理，从她打拼四十多年的家，来到了她买来打算养老的家。

去机场接她回家的路上，一看到蓝到发狂的天，她便心情大好地问我："小轨，十一你去哪儿玩呀？"

我说："哪也不去，就待在大理啊。"

她"哦"了一声说，华子（她儿子）也哪儿也不去，就待在马来西亚，他正在努力攒钱，争取今年内请我和他爸去马来亚西去玩一趟。

我一惊，说："姐，以你和大哥的经济实力，去遨游个世界也不成问题啊，还用华子费这个牛劲？"

她哈哈大笑，给我讲了个故事。

华子七岁的时候，华子爸爸在地方银行做小职员，她在市里的小事业单位上班，十公里的异地恋，一个周见一次面。

华子爸爸不在家的时候，她带着华子吃咸菜馒头，华子爸爸回家的时候才舍得炒菜。

有一天，她看到瘦瘦的儿子在狼吞虎咽地啃馒头，突然鼻头一酸，就哭了。华子在一旁急坏了，赶紧问妈妈怎么了，她掩面，说："妈妈难过，咱家穷得连馒头都吃不饱。"

第二天，华子放学后兴冲冲地把一大把零钱塞到她手里，说："妈妈，快拿着买馒头去吧。"

她一惊，问儿子哪来的钱。

儿子开心地说："我跟其他小朋友玩的时候，发现了一个收废品的大地方，比妈妈平常卖给小区门口大爷收的价格贵好多呢，我借了个三轮车，把咱家的废品拉到那个大地方去多卖了好些钱。"

她说，那个时候，华子的腿够不着三轮车脚蹬子，所以一路晃晃悠悠地扶着车把，硬是走着把三轮车推到了废品站。

十几年后，她成了标准的中产，有别墅有豪车，有做高管的老公，有在国外留学的儿子。

家风依然是想要孝顺，先自食其力养活好自己。

三个月前，我见过一次华子，当时他正举着锤子在院子里敲敲打打，说要给爸妈做一个喝茶的木墩子，看见我来了礼貌问好，中午在他家吃饭，他在厨房里跑来跑去地帮忙，上菜的时候要我坐着不要动，自己却在厨房和饭桌之间来来回回地跑，吃完饭后一个人蹲在家门口修理自行车，两手黑油，额头的汗珠在阳光下发光。

很多人小时候都经历过贫穷的童年。

有人长大后毫无戾气，一生努力都在希望让父母去看看外边更好的世界；有人长大了不愿意回家，把自己的自卑与一事无成都归咎于父母太穷。

有人因为穷，学会了如何尊重父辈如何表达爱；有人因为穷，一直都在混吃等死、四处宣扬读书无用论的悲哀。

孩子送出门，修行在个人。

[他们跟不上潮流，他们学不会享福，

还要被他们养育起来的这一代人笑话]

前段时间回家，在机场排队安检。

看到一个老人背着一个大包袱急吼吼地往前挤，一不小心蹭到了身后一个衣着讲究的年轻人。

年轻人当即扭过身子，上下打量了一眼这个老人，不屑地白了他一眼，掸了掸衬衫，高声说："这位大爷，你这是第一次坐飞机吗？挤什么挤？你以为是坐火车买了站票得抢座吗？"

老人脸一红，显然是听明白了，但是又不会说普通话，只好用家乡话急忙解释并道歉。

年轻人显然听不懂，但是一听这满口方言就"扑哧"一声笑了出来，周围不少不明就里的人也跟着笑了起来，老人尴尬地从队伍里默默退出来。

我听得出来老人的临沂口音，于是喊他站在我前边，跟他聊了会儿。

他说，这确实是他第一次坐飞机。

孙子刚考了云南这边的一个大学，他父母做生意顾不上送，孩子没出过远门，所以也只能他帮着扛东西来送。

他之所以往前挤，是因为孙子嫌弃他穿得土，所以让他跟他分两队站，为了离他远点儿，看到孙子先进去了，他害怕跟孙子走散了所以不得不跟紧。

如果不是送孙子上大学，他可能这辈子都"不配"坐一次飞机。

这就是我们的父辈。

他们一生受穷，一生努力，即便用尽全力也只是养活了几个孩子，无法给儿女们拿得出手的富贵荣华。

到老了，稀里糊涂就被一个声色犬马的时代拽到了全新的时空。

在家只能靠在土坯墙上晒太阳，出门会背着招人嫌弃的大包袱，走到哪儿都害怕自己的不入流会给孩子丢人，儿女宴客的时候不敢随意说话。

他们跟不上潮流，他们学不会享福，还要被他们养育起来的这一代人笑话。

[父母眼里的全世界，就是儿女欢笑，全家团圆]

今年年初，给我妈换了手机，她把我骂了一顿，说我瞎花钱，因为她觉得智能手机太难学，不如老年机好用。

我说："我可以教你用新手机微信聊天。"

她问我："学会这个有什么用？"

我说："用这个发语音不用花电话费，你还可以看到我平常在忙些什么。"

她说："那这个还挺好。"

于是，我教会了连拼音都不会的她学会了微信。

她只会发语音。

在一个雷雨交加的夜晚，我熬夜码字，突然收到了她的第一条语音，听完短短的5秒语音，却让我在望向洱海上空万家灯火处时哭得泣不成声。

她用极不自然的语调颤抖着说："闺女，妈想你。"

这些年，我几乎踏遍了整个中国，天南海北，四处飘荡。

看过沙漠上空的狂风暴雨，看过千疮百孔的悬崖孔洞，看过花开时节的冰凌，还在绝壁丛生中祈祷过天下太平、五谷丰登。

我妈今年60岁，我爸65岁，他们去过最远的地方，是从山东到北京。

父辈这一代，住酒店会问十遍价格后心疼，景点买瓶水嫌小商贩太坑，腿不好还不让打车非要步行，吃饭的地方选得高档一点就吓得腿都迈不动。

兵荒马乱地回来之后，还要告诉你，以后再也不出去了，哪儿好也不如家里好。

他们一辈子困在半亩方田间，物质不富足，精神很空虚。

他们见过的东西不多，也没有什么像样的爱好，闲下来只能反反复复地想我们。

父母这一代，普遍患上了贫穷后遗症，他们没见过外边的天，也不认为自己有必要去看看。

父母眼里的全世界，就是儿女欢笑，全家团圆。

［世界这么大，我们的父母真的应该去看看］

两代人之间，不可避免地存在着观念冲突与意愿违背。对同一件事情因理解所产生分歧，饭桌上一讨论就是一个死结。他们觉得我们不懂事，我们觉得他们不讲理，这是一道千古较劲题。

但是，理解分歧不能成为我们不去关心他们的理由。

他们可以说不需要我们为他们做什么，但不代表我们就真的什么也不用为他们做。

早晚有一天，他们老态初显；早晚有一天，他们不能靠自己的腿脚走出门口去看一眼窗外云烟；早晚有一天，子欲养而亲不待。

父母不会玩儿，我们可以带着他们玩，他们跟不上时代，我们可以带着他们去看一看渔舟唱晚。

人一旦被时代抛弃，就会感到无尽的孤独与悲凉。

你不肯回头关心父母，他们就会活成一座逐渐下沉的孤岛。

世界这么大，我们的父母真的应该去看看。

聪明地利用好 自己的聪明

[有傻瓜的地方才会发生奇迹]

印度有一位知名的哲学家，气质高雅，因此成为很多女人的偶像。某天，一个女子来拜访他，她表达了爱慕之情后说："错过我，你将再也找不到比我更爱你的女人了！"

哲学家虽然也很中意她，但仍习惯性地回答说："容我再考虑考虑！"事后，哲学家用他一贯研究学问的精神，将结婚和不结婚的好处与坏处，分条罗列下来，结果发现好坏均等，究竟该如何抉择？他因此陷入了长期的苦恼之中。

最后，他终于得出一个结论——人若在面临抉择而无法取舍的时候，应该选择自己尚未经历过的那一个。不结婚的状况他是清楚的，但结婚后会是个怎样的情况，他还不知道。对！应该答应那个女人的请求。

哲学家来到女人的家中，问她的父亲："你的女儿呢？请你告诉她，我考虑清楚了，我决定娶她为妻！"

女人的父亲冷冷地回答："你来晚了十年，我女儿现在已经是三个孩子的妈了！"

哲学家听了，整个人几乎崩溃，他万万没有想到，他向来引以为傲的精明头脑，最后换来的竟然是一场悔恨。此后，哲学家抑郁成疾，临死前，他将自己所有的著作丢入火堆，只留下了一段对人生的批注——

如果将人生一分为二，前半段的人生哲学是"不犹豫"，后半段的人生哲学是"不后悔"。哲学家死之前终于明白，聪明的狐狸为什么常常落不到好下场了，因为他们经常"聪明反被聪明误"。

聪明人往往忘记了高贵的头颅也是由双脚来带动的，他们太自负太依赖于自己的思想，往往因此忽略了其他的因素，比如行动，比如他人。有首耳熟能详的老歌叫"傻瓜力量大"，适当的"傻"如同恰到好处的"自卑"，那是一种美德，也是一种智慧。

如果漂流到一个荒岛，只能带三样东西，你会带什么？许多人回答：一棵柠檬树，一只鸭子，一个傻瓜。为什么不带聪明人而带傻瓜？因为聪明人会砍掉柠檬树，吃掉鸭子，甚至最后害了主人。只有傻瓜，才能执着地拼命努力，最后能种瓜得瓜。傻瓜是一种天分，有傻瓜的地方才会发生奇迹。

[要把"聪明"转化为"智慧"]

有句老话叫"知易行难"，懂得道理很容易，付诸行动却很难。聪明人喜欢"眉头一皱计上心来"的潇洒，但是，他们往往只限于"头脑风暴"，而不善于与人打交道，刚愎自用，结果聪明反被聪明误。

历史上的周瑜何等聪明，但结局却是悲剧。现代企业管理中，无数次商场上的起起落落，似乎都证明了这个朴素的真理：很多人，他们有着最聪明的头脑，有着最敏锐的商业嗅觉，一拍脑袋，点子就来……但是，有了这些素质的人，却往往不是最后的成功者。这是一个很奇怪的现象，但事实却真的如此。

有人这么界定"聪明"的含义——一个人的智商高出普通人的正常值，这样的人就是我们生活中常说的聪明人。顺着这个逻辑，我们会发现很多成功的企业家并不绝顶聪明，相反，他们可能还曾是差生。

有个统计数字显示，他们中最多只有不超过10%的人智商超群，其余90%的智商绝对只是普通人水平。但是，他们成功了。我们或许还能够回想起中国企业界一些流星般的人物，他们嗅觉灵敏，脑筋活络，甚至可能是中国改革开放后企业界最聪明的一拨人。

比如说，他们能够在美国的"伟哥"尚未进入中国市场之前率先抢注中文商标并推出号称功能相似的产品，以此赢得市场轰动；他们能够迅速洞察中国消费者的心理，精心包装各种概念性的保健产品并迅速形成市场规模，然后又迅速消失；他们也能够在中央电视台的广告招标会上豪情万丈，一掷亿金……时至今日，这些聪明人又在哪里？有的失败了，有的很失意。

聪明人机会是很多的，可是往往定力不够，最后一个个栽倒在某个美丽的陷阱里。他们很容易自负、浮躁、急于求成，在变来变去中，连自己也搞不清是怎么回事了。

聪明本不是坏东西，但它可能坏事，它只是初步的，我们必须通过实践去把聪明转变成智慧，因为智慧而促进实践，在智慧的基础上行动，才能够事半功倍。转变的前提是，你必须身体力行才可以。

［成功需要阿甘精神］

电影《阿甘正传》讲述了一个名叫阿甘的美国青年的故事，他的智商只有75，进小学都困难，但是，他几乎做什么都成功：长跑、打乒乓球、捕虾、甚至爱情，最后，他成为一名成功的企业家，而比他聪明的同学、战友却活得并不成功。这是对聪明的一种嘲弄。

阿甘常爱说的一句话是："我妈妈说，要将上帝给你的恩赐发挥到极限。"这部电影表达了美国人的一种成功理念：成功就是将个人的潜能发挥到极限。

个人素质主要包括形体素质、智商、情商(心理素质)三个部分。现代心理学研究表明，在决定一个人成功的诸多要素中，居核心与决定地位的是情商，智商只是必要条件而不是充分条件。所以我们在生活中常常看见，学历不高的人总是当上了老板，而高学历的人往往只是打工者。具备高学历并不一定就能成功，它只是具备了成功的可能性而已。

阿甘的成功，从某种意义上说，拜赐于他的轻度弱智、不懂得计算输赢得失。他唯一做到的就是简单坚持，认真地做、傻傻地执行。很多时候企业里缺的不是"聪明人"，而是这样的"傻子"。

聪明人遇到问题总是怨公司、骂上司，算计着要有一分收获才肯一分耕耘，没多少收获便不肯耕耘了。每个决策，每个命令，都要看自己有多少得益，有多少损失，如果不划算，便"上有政策，下有对策"。

殊不知，很多事情前期是十分耕耘，三分收获，后期才是三分耕耘，十分收获。阿甘并不是真的愚者，真的愚者是欺负他的人。他成功的方法只有一个——那就是不计成本的努力。他成功的秘诀就在于他的"单纯"或者说"执着"。

我们常以智商来决定一个人聪明与否，但再聪明的人也有其短，再笨的人也有一长，例如阿甘虽然智商低，可他跑得很快、会吹口琴、会打桌球、会养虾，可见凡事都是学习而来的，只要肯花功夫学，一定能在某一领域有所发挥。

人生常常面临许多选择，我们在摸索中学习到许多可贵的经验，并且吸收了别人累积的智能，智能才是带领我们走向幸福人生的关键，这与智商无关。我们也许都比阿甘聪明，可是我们都不能够专注于一件事上，虽然做了很多事，却常常失败。阿甘知道自己的不足，所以比别人专心，结果他成功了。

话说回来，聪明不是错，更不是罪，关键是要聪明地利用好自己的聪明，这样，才能为自己的人生锦上添花，而不会让它成为美丽的包袱。

为自己量身打造一个梦想

我现在还不会骑摩托车。不是学不会，而是不愿意学。在我读初中的时候，身高已经够了，跨在摩托车上脚能着地。老爹问我，学骑摩托车不？我摇摇头说，我不学，我以后才不骑两个轮子的车。我爹笑了，你小子还挺傲！从那以后我再没机缘去学这个。

我从小就做了很多梦，每一个都是仰望星空级别的。我想我还年轻，时间还很多，我可以很努力，使出吃奶的劲儿来拼，只要动用了最坚决的意志，一切都有可能，我无比相信这一点。我敢做梦，并相信这不仅是梦。

大学学的是工程。毕业后在一家国企施工单位上班。本以为工程师是知识分子，工作时只用对着PPT讲讲方案就可以啦。真正来到工地后，才发现与想象中落差太大。站在第一线，踩泥浆，吸尘土，把自己的姿态一步步放低。每天和工人灰头土脸，一起坐在土堆上，开最恶俗的玩笑。

但下班后，我会调节自己，尝试换一种心情。因为有某种格言类的东西在告诉我，这是生活对你的考验。所谓的考验，就都不是真的，会有终结的一天，并且现实的境地也不是你应有的水准，考验结束一切会回归正常。所以我从内心里觉得我跟身边的人不一样，要试图保住一点不一样的东西。就像唐僧困在女儿国，不管周围的环境是怎样，坚持不能喝那里的井水，要保留住男人的性征。在工地上，我也要保留给自己一点精致。每天下班后，都要做做运动动，然后看看书，记记单词。拒绝一切工程娱乐。用心擦拭自己的孤傲。起先会有人觉得你有点特别。后来就没有人留意你。这一点对于我来说无所谓，因为我在这里只是暂时的栖居。

上班的第一个月，项目的进度款迟迟没有拿到，我们的工资也要延发。因为买生活用品我花光了身上的钱。那个时候我想起了公司分配项目的时候发的一千元的安家费，装在一个白色的信封里。我记得我把它压在了行李箱的底层，我以为我一时半会用不上。那天上午，我把行李箱里的东西全部翻出来了，这个白色的信封竟然不见了。我把每一件叠好的衣服都散开抖了几遍，又把其他行李袋都拆开来看，几包行李被我拆得一片狼藉，可是到了最后这个信封还是没有蹦出来。那一刻我想蹲下来哭。

不是因为这一笔钱多，恰恰是因为钱不多，我反倒把它当成了宝，至关重要。所谓的大学生，所谓的五百强国企，所谓的强行挽留下的孤傲，都那么可笑，因为那一点钱，在乎得不得了。自尊在那一刻软了膝盖，重重地跪在了生活的面前，头都没法抬。

世界上最没用的东西就是本事没有长成之前，先膨胀的自尊心。

那时项目上提供食宿。我攥着十块钱过了快整整一个月。每天待在公司，哪也不去。毕业了就没脸向家里开口，向朋友借想都没想过。直到一个月后工资发了下来，那一刻我感觉风都是香的。

后来公司调动，我去了天津的一个项目。领导给我安排了一份闲差。每天只用准时去工地，在办公室玩玩手机就可以。还被赋予了似乎看起来很大的权力。但实际上，我是个"眼睛"，只有向上汇报的作用。但毕竟脱离了曾经的环境，似乎考验已结束，光明即将到来。

当时的项目在天津港里，附近只有源源不断的集装箱，没有任何吃饭的地方。最近的吃饭的地方要出港几公里，为此公司给我配了一辆摩托车，自力更生地出去吃。我想起了关于摩托车的少年往事。就像在一个和尚饿极的时候，生活扔给了他一块肉，还故意扔进旁边的垃圾堆里，生活在一旁哈哈大笑。我不知道比喻中的和尚会不会坚持下去，不受嗟来之食。但我那一阵子还是舍弃了摩托车，坚持走出天津港。从夏天走到冬天，由于时间太长，我还不得不把多年的午睡习惯给戒了。

当时我神经质地硬要把它当成某种冥冥之中的挑衅，明明老爹不在身边，没有人可以嘲笑我，我完全可以自己找个台阶下来。但我就是嘴硬，硬得像一块厕所里的石头。硬得让我不愿相信，我的现实生活就是这样，那每天的暴走，就是我隐忍的反抗。

当时项目上，公司只安排了我一个人。我身边没有同事。由于利益关系，与合作单位也只有工作往来，没有什么朋友。一个人的城市，孤独格外强烈。街上每一个人都行色匆匆，他们的故事均与我无关。每天我走向哪里，几时回，都没有人过问。按照那时的状况，我工作多少年，也买不起那里的房子。我怎样奋斗，也很难找到一个爱我的当地姑娘。我把自己定义为过客，把生活定义为新的一场考验。熬过现在，就有另一个明天，把天津定义为"男儿志在四方"的其中一方。趁工作之余我看专业书，提高自己。

那一阵我经常胃疼。有一次在卫生间淋浴，突然疼得直不起身子。我弓着身子，像一只虾米。痛到后来站不住，跌倒在地板上，任由热水浇在身上，我像一只搁浅的鱼，在地铁上无奈地划动着双腿。那一刻我陷入了恐惧，在这个陌生的城市，没有朋友，没有亲人，假如我出了什么事。谁也不会知道，我会不会独自在这里腐烂，我的人生就要在这样一个荒远的地方落幕？

许久，疼痛消失，我从冰凉的地板上爬起来，狼狈不堪。那一刻我决定，我一定要离开这里。

很多事情其实老早就在心里做了决定。只是需要一件事，一个情景，好让你痛下决心。

一个月后我回到了武汉。行李箱刚放进屋子里，我就马不停蹄地去办武汉的公交卡，换武汉的手机卡。我需要一些仪式感，来证明这新的开始。

经过这不算久的漂泊，我感觉自己已经老气横秋。一切从新的开始，我还需要一场恋爱，要去认识了一个美好的姑娘，一场新的感情开启一段新的征程。

想好了就马上行动，生活就应该这样生猛而又激烈，不是吗。通过网络我认识了一个女孩，我们聊得很愉快。我投入了所有的机智和幽默，聊天窗口简直就是我表演的舞台。她不止一次对我说，你太有意思啦，是我见过最特别的人。我们如愿见了第一次面。有了开始，后面的约会几乎每天都会继续。一个月后我们在一起啦。我们拥抱在午夜的街头，我相信考验已经结束，路终于走回了正道。

我向她许诺，理想的爱情是怎么样，我就会努力给你那些。她满眼笑意地看着我说好。爱情存在于这个世界上，它应该也要遵从这个世界的规律，只要有想法，有信心，有行动，结果就不会有差池，老天是有眼的，不是吗？那个时候我们爱得那么热烈。

或许只是我爱得那么热烈，她最后还是离开了我。坚决得让我无法挽留。一段时间过去了我才渐渐理解，那种由深爱一点点变成无奈是多么的可怕。我编织了一个梦幻的星空，我们一起携手卖力地奔跑、跳跃着。可星空依然那么远，遥不可及。等下去，再等下去，可能都看不到希望，那不如就这样算了吧。

人是一本最复杂的书，爱情又是人与人之间最复杂的联系。我竟妄言爱情如世间的规律一致。更何况世间事也并非有志者事竟成的路数。那爱情之路的幽深曲折，不是拍胸膛就能保证的。

总说梦想让人如此美丽，我想说梦想让人如此痛苦。曾经少年时，我有万千个不切实际的迷思和欲望，每一个都是仰望星空级别的。我追逐星空越急切，就越容易摔得鼻青脸肿。疼痛让我不再在飘浮的云上犯拧巴，一下子跌落在地，让我清醒我还是个人，一个只有两只手两只脚一个普通大脑的人，七情六欲还很正常，不是梦想的苦行僧。

每一份回忆过去的苦，总要对比一下现在的甜。然而我很难从参数上表达如今甜的指数。现在，依然是每天去工作，下班和恋人约会，偶尔和父母打电话，有时间和朋友小聚，生活不疾不徐。跟曾经似乎并没有什么翻天覆地的变化，没有登上什么人生巅峰，还在谷底原地打转。但曾经感觉自己在人生路上踽踽独行的孤独感消失了，生活回到了我的怀中。上班不再是一场考验，爱情不再会因梦想加持而沉重不堪。

有时候你感觉很累，不是脚下崎岖，而是你一直在仰望星空。

大学有位老师说过，她最喜欢的生活是从容的。这句朴素的话，直击我心，熟记至今！拥有巨量的物质资源固然是好的，但追逐它我们要耗费全部精力。生活无非就是衣食住行，看到想吃的就和朋友去撮一顿，想喝的去尝一下。晚上回家有一个温暖的窝，舒服得够做一个好梦就行。想要安定的时候有个人愿意陪你一生，彼此聆听。想要孩子的时候，要个孩子。孩子上学啦，能送到合适的学校。生活刚刚好，从容不迫就行啦。剩余的精力我们何不用来拓展生活的宽度，累了的时候做下想的事，去书城坐上一下午，和小伙伴们去野营，来一场说走就走的旅行，尝试学会骑摩托车。何必要踩上梦想的轨道，一条道走到黑，生活要长度，也需要广度。

所以现在的我坚信六字真言：平静、丰富、从容。星空级的梦想是一件袍子，有的人穿上可能刚刚好，可对于我，却并不是合适的裁剪，穿着走起路来，绊手绊脚，十分难受。我不想当星空级梦想的苦行僧，拿起剪刀，裁下一些多余布料，留下为自己量身定做的目标，一蹦一跳地走完余下的路。有时候，我会回头看看那些扔下的布料，怀念我曾经有过的远大梦想。

岁月慵懒漫长，
别让未来枯燥无聊

外公83岁了，身体大不如从前。每晚睡觉前，他都会自顾自地念叨"到了我这把年纪，活一天算一天，睡下去都不知道第二天还能不能醒来。"有时看到苍老的外公坐在院子里晒太阳，我心底都会有种莫名的心酸和害怕。我害怕自己像他一样，每一天的生活都是重复昨天，循规蹈矩，了无生趣，活了83年却感觉只是把同一天重复了三万次。

外公的一生没有知己，没有老友，他坐在院子里，看小鸡啄食，看远方老屋，却从来没有因为任何的回忆而伤感落泪。我没看到过外公翻看照片或者旧物，也从没听他提到过年轻时候的故事。

我害怕自己成年后的日子也是这样日复一日地重复着单调无聊的生活，我害怕当我老去的时候却没有丝毫可以回忆的往事。回忆这东西，新三年，旧三年，缝缝补补又三年。人这一生有时不就是靠对未来的想象和过去的回忆维持生命吗？当你老了，走不动了，炉火旁打盹，却没有青春可以回忆，那该是一件多么恐怖的事情。

我害怕颠沛流离的日子，我害怕艰难困苦的岁月，但与之相比，我更害怕那种一眼就看得到头的生活！

我在一个小镇上长大。小镇有一横一竖两条街，我家正好在两条街的交汇点。王叔叔永远是镇上第一个起来的，我在无数个失眠的夜晚看到他骑着摩托车去屠宰场杀猪。张婆婆会在六点出门，到近处的田野给兔子割草。七点，小镇开始复苏。王寡妇依旧摆着一副丧气的脸送儿子上学。张阿姨每早都会和她隔壁做同行生意的李阿姨吵一架。

我隔壁阿姨家有个比我大五岁的女儿。和所有青春的少女一样，姐姐会偷偷攒钱买明星的海报，说以后也要嫁一个这样的男人；她对着地理书后面的地图册说，以后想去哪个城市生活。姐姐给我说过，她不希望自己以后成为她妈妈那样，每天系着一个沾满油污的围裙在小镇走来走去，没有任何兴趣爱好，除了打麻将就喜欢打听别人私事，搬弄是非。

姐姐高考没有考上大学，去了深圳。后来听说，她回到镇上开了一家理发店，再后来听说她嫁给了斜对面开锁的哥哥，生了个儿子。去年我看到她，抱着孩子坐在理发店门口。她一边和一群人聊天，一边扯开衣服旁若无人地给孩子喂奶。

面对这群曾经比我大不了几岁的同龄人，我恍惚回到了十年前。还是这样的午后，还是类似的场景，还是同样的话题。只是当年坐在这里的，是她们的母亲。十年后，她们成了她们母亲的模样，继承了当初她们的生活方式。

或许是不够成熟，但更多的是不够勇敢。没有清醒地意识到什么才是自己想要的生活，唯有按照大多数人的生活套路亦步亦趋，以求早日走上生活的正轨。"年轻的时候我有过很多闪闪发亮的日子，在节日的晚上，我和朋友们一起在沙发上放声大笑。"小的时候，我们都希望自己能够看到不同的风景，认识不同的人，体验不同的生活。而在行走的过程中，有多少人会中途改道？有多少人会被迫掉头？又有多少人能够挨过孤独和荒凉，成为自己人生的导航？

生活之所以变得意味深长、充满期待，是因为我们永远不知道明天会发生什么。生活不一定要像大海一样惊涛骇浪、波澜壮阔，但也不该变成一潭死水、纹丝不动。它至少应该是一条奔涌向前的小河，它可以不宽阔，但却在流动。虽然只是一条普通的小河，但却不断亲吻着两岸，变换着四季。

我刚读大学那会儿，也曾想过毕业后回到家乡县城电视台做个记者，但一次实习彻底打消了我的这种念头。

去年寒假，我去了一个小县城的电视台实习。媒体单位给人的感觉应该是一种匆匆忙忙、欣欣向荣的景象，但在那里我看到的更多是不紧不慢、无所事事。没人想着加薪升职，没人想着精益求精，永远都是把自己的工作应付完就算万事大吉。反正只要不出大的差错，到了月底还是一样可以拿到固定的工资。这样熬上十几年，资历够了自然会升职。

我第一天实习的时候，提前半个小时到了电视台。但在开始正常上班半小时后才有记者不慌不忙地赶来，然后不紧不慢地聊聊天，泡上奶茶，打开电脑，估摸着十点的样子才开始工作。下班时间也是习惯性地提前。台里负责播新闻的男主播总是摆着一副无聊至极、心如死灰的表情，坐在那里玩一上午手机，然后下班吃饭，下午给当天的新闻配音，然后下班回家。我看着他总是望着刷不出新内容的手机页面发呆；在播音室和制作室间无聊地走来走去；有时也会摊开一张多年前的报纸，目光却没有丝毫游离。

我突然意识到，比未来更可怕的是预知。那种立马就可以预见到自己十年、二十年后的生活所带来的不安让我担惊害怕。我害怕自己不经意间就放弃了自己想要的生活，然后等到中年，追悔莫及，感伤青春！我害怕自己在不知不觉间安于现状，固步自封，然后在某个深夜突然惊醒，恍若隔世，只能对着空气无力地骂一句后倒头睡去，明天醒来继续重复单调无聊的生活。日复一日，年复一年。

其实，没有人喜欢一成不变，只是因为有些人乐于享受眼前的安逸，而向生活妥协。可眼前的安逸就像慢性毒药，会一点点地杀死你的青春和梦想，让你日渐平庸，趋于平庸，到最后只能自甘平庸，继续平庸。多年后，你在一张泛黄的报纸间抬起头，看着小时候的照片，只能无奈感叹，黄粱一梦二十年。

所以，我不愿让自己的生活一眼就看得到尽头。我们为之努力，不是为了飞黄腾达，睥睨群雄，而是努力让自己的生活多一种可能，给自己的未来多一份惊喜。

岁月慵懒漫长，别让未来枯燥无聊。

一辈子那么长，所以我们要做一个有趣的人。

追求梦想的路上，
我们都曾有过跌倒

我最难忘的采访经历，来自一位女企业家。

她完全不像大家想象中的女强人——气势咄咄逼人，说话笃定泼辣，穿着霸气十足，神情自信骄傲。恰恰相反，她的办公室充满温和的女性气息：色调是清雅的浅绿，优雅的玫瑰花茶在透明的茶具里散发着幽幽的香气，采访的过程老友聊天一般亲切随意，她摆上精致的茶食招待我，有问必答，谦虚从容。

愉快地结束工作，我边收拾东西边灵光乍现，请她为当代职业女性平衡家庭与事业之间的关系提点建议，她神情略变，踟蹰了一下，依旧微笑着说："这一点，我可能没法给大家提建议，我自己的家庭也不完整，一年多前我和孩子的爸爸离婚了，为了让孩子有个接受的过程暂时没有公布。"

说完，很抱歉地微笑。

我有点不知所措，为自己的冒失难堪——感性的采访者虽然在情绪调动与交流方面没有问题，却常常失分于分寸把握，把自己弄得太入戏，问出让采访对象作难的问题。

她看我囧在那儿，连忙接着说："我是觉得，自己在这个话题上并不是榜样，也不想说空洞的套话，所以实话实说。上天没有给我做贤妻良母的机会，但是给了我其他方式的精彩，只是很抱歉不能回答你这个问题啦。"

她像为我解围似的解释，我又很轻易地被感动了。

大多采访对象，不过是工作关系，一问一答，一个写新闻一个做宣传，都是工作，诚恳投缘的人并不多，所以，至今我没有把这件事告诉身边任何一个朋友，即便消息公开之后，我也守口如瓶。因为当时，她完全可以敷衍一个初次见面的记者几句客套话，对于老江湖，这并不难，所以，我珍惜这种难得的信任和缘分。

回去，我仔细整理采访资料，才发现她的很多成就都是在失去家庭的一年半里获得。她甚至为了挽救不再稳固的婚姻，在身体与工作强度并不适合的情况下，生了第二个孩子，但是这并没有保全她的家庭。

从时间上看，她孩子出生的时候，应该正是企业资金状况糟糕的节点。而怀孕的难受对谁都很公平，我只能想象一个孕妇和新妈妈怎样一边忍耐着身体不适，一边应对着公司经营，她无意中提到自己心脏不好，这个孩子让她承受了极大危险和风险。婚姻的危机，当时也应该显现了吧，身体、家庭、工作三重压力被她硬扛下来，依旧保持温和、温暖和信心，我除了敬佩，还有心疼——很多所谓的强人，不过是更能忍而已。

通常印象中，职业女性因为工作忙碌忽视家庭造成婚姻解体，而在我见过的事例中，这并不是主要原因——通常职场表现优越的女性，会把优秀形成习惯，在家庭里同样要求自己成为高分主妇。她们甚至比普通女性更加愿意付出，更容易沟通，更低姿态，她们婚姻维护难度更大的原因在于，对方的理解和配合。

大多婚姻的差距是由男人领跑造成，而领跑者一旦换位成女性，这种差距会由于男人心理上更加难以调适危机感更强而更扩大，女人为了维护家庭完整，能够做出的选择就变成了：第一，停止前进，与对方一起慢慢走；第二，继续前进，与对方割裂；第三，进退两难，与对方在尴尬中相持，一对怨偶走不快也断不了。

绝大多数中国家庭，由于各种原因，选择了第三种。

绝大多数奔跑中的人，鼓起断尾求生的勇气，选择了第二种。

所以，优秀的女人获得幸福的婚姻，实际上比优秀的男人保全体面的家庭难度更大。

稿子写完后，我很仔细地同她确认，生怕自己遣词不周到，或者情绪上偏爱，反而给她带来麻烦。

后来，我们成为朋友。

这么多年，我看着她深居简出，把包括自己外公在内的一大家人接到一处生活，很少有应酬，更少有是非，只字不评论对方，企业却越做越大。

从她身上，我突然明白，我们看到的那些勇敢并且完美的人，不过是带着伤口依旧愿意向前奔跑的人。

我曾红颜羡奥黛丽·赫本几十年不变的纤瘦优美，后来读到她的儿子肖恩写的传记《天使在人间》，才知道所谓的苗条居然来源于童年的营养不良。

这个英国银行家和荷兰女男爵的女儿，六岁便就读于英国肯特郡埃尔海姆乡的寄宿学校，十岁进入安恒音乐学院学习芭蕾舞，她的优雅几乎是世袭的。

可是，第二次世界大战爆发，荷兰被纳粹占领，谣传她母亲的家族带有犹太血统，她粉色的梦立即被现实击碎。整个家族被视为第三帝国的敌人，财产被占领军没收，舅舅被处决，她和母亲过着贫困的生活——因为缺少食物，她经常把郁金香球根当主食，靠大量喝水填饱肚子。

她瘦削的身材正是来源于长期营养不良。

虽然如此，她依然没有中断练习最爱的芭蕾舞，即使穷到要穿上最难挨的木制舞鞋也没有关系，她的梦想是成为芭蕾舞团的首席女演员，可是战时长时间的饥饿影响了肌肉的发育，再加上她几乎比当时所有男芭蕾舞演员都要高太多，所以，这个梦想最终还是破灭了。

像补偿一般，她优雅的气质在时光中被复刻下来，《罗马假日》试镜的时候，轻而易举脱颖而出。

生活为你关上一扇门就会打开一扇窗，只是，很多人都没有等到窗口打开便主动放弃。

的确，在某一个时间段，我们都会感到无力解答命运给出的难题，看不见未来也没觉出希望，只感应得到伤口的疼痛。可是，只有带着这些或者隐隐作痛或者痛彻心扉的伤口，奔跑到更高更远的位置，回望来时路，才可能发现解决问题的办法，甚至，走到下一个路口，从前所有的问题便自然而然迎刃而解，当然，新的问题也会扑面而来。

贝多芬是个聋子，荷马是个瞎子，凡·高那样热爱家庭的人却一辈子结不成婚，谁都有这么一段伤痕，犹如命运在生活的道路上设置的路障。

它们有时是阴影重重的童年，有时是寡淡稀薄的亲情，有时是无能为力的健康，有时是突如其来的变故，有时是勉强为继的婚姻，有时是难以预料的背叛，有时是不太懂事的孩子。

最好的人生，不是一马平川没有障碍，而是跨过或者绕过路障继续向前；最好的际遇不是不受伤，而是带着伤口依然愿意奔跑；最好的天气不是永远都是艳阳天，而是尽管现在滂沱大雨，太阳明天依旧会跳出地平线。

所谓的伤口，让我们每一个人变得更加勇敢，更加惜福。

我才不是好运气地就实现了自己的梦想

[1]

前段时间去了一趟重庆，事情办妥后直接打车去解放碑。

如果说你刚到一座城市，对它知之甚少，但又来不及为此做更多研究，那么和出租车司机聊天绝对是高效有用的不二窍门。他们大都比较健谈，大到国际政治，小到家长里短，都能叙说一二。

司机是个五十来岁的中年人，讲一口地道的重庆话。他没有让我失望，从城市历史到未来规划，从《疯狂的石头》到《火锅英雄》，最后聊到了房价，他开心地说自己已经在这座城市买了两套房。那种朴素的自豪情绪溢于言表，毫不掩饰。

也许是觉得自己有些唐突，他不好意思地笑笑，而后轻叹一声。

他的老家在重庆一个偏僻的山区，为了脱离贫苦的生活，他和妻子一商量，便大着胆子来到了市区。最开始的时候，他当棒棒（搬运工），妻子则在火车站提个篮子给人擦鞋。最苦的时候，赶上交房租掏不出钱，两口子带着子女在桥洞里睡了大半个月，直到凑够房租。

他们做过很多事情，头几年，一家人一直都处于随时可能打道回乡的状态，直到后来生活慢慢变好。再后来，妻子在车站旁边开起了自家的水果铺，而他则跑起了出租车。

现在，两个女儿已经嫁人生子，儿子则在北京高校读研；一套全款买的二手房，一套马上还完房贷的黄金地段楼房。

有时候回老家，那些仍然生活在乡里的亲朋故友无不羡慕，但也有人打趣说他祖坟冒青烟，才能运气这么好。

我半开玩笑地问，你觉得自己是运气好吗？

他笑着撇了撇嘴，如果说这是运气好的话，那我们这么多年的苦都白受了。他回忆起一家五口在桥洞里望着万家灯火，承受着整座城市繁华疏离的时候；挑着沉重的货物穿街过巷，被衣着光鲜的路人一脸嫌弃的时候；奋斗许久却仍买不起一间小房，站在城市路口迷茫无助的时候……

[2]

这个世界有时候真的非常奇怪，太多人对于天才都有一种由衷的敬服，但对于那些曾经与自己齐头并进最后却一骑绝尘的平凡者总是心怀不平，恶意揣度。

他们不会明白，其实相比于天才，那些资质平凡却从不妥协，在黑暗中眸子明亮的平凡者更值得让人称道。

有时候，圈里的作者聚在一起聊天。很多人从前都是默默无闻，扔在人群中激不起一丝波澜，可在开始写作后，随着平台的上升，知名度变大，眼界格局拓展，人生突然出现了一些微妙的转变。而他们的身边却开始出现这样一些人，由开始时的无感，逐渐转变为另眼相待，最后又演变成各种阴阳不明的情绪。

"他啊，就是运气好一点而已，才侥幸有了一些小成绩。"生活中永远不乏这样一些人，总是习惯在别人取得一丁点成绩的时候跳出来奚落打压，却从不探究别人为此失去了多少，经历了什么，用天生幸运否定别人的付出，用侥幸而成安慰自己的愚钝。

[3]

有一个师兄，大学毕业的时候，身边绝大部分同学都选择了相对安逸的生活，他却和一家公司签了三年的海外合同，派遣驻扎在了遥远的非洲。合同期满后回国，成了公司的技术骨干。而今刚过而立，却已经是公司举重若轻的技术中层领导，年薪数十万。

同学朋友大多十分羡慕，却也有人在背后忿忿不服，认为他只是侥幸遇上了公司扩张，从而拥有了如今的高位。却不曾想当他们安居国内的时候，别人却日复一日地奔波在异国荒瘠的土地上；他们下班后可以灯红酒绿，别人却几个月不能出工地，生活用品采购都要安保人员携枪带弹地随同；当他们和家人其乐融融的时候，别人却连祖母过世都只能遥望家乡，含泪远悼。

人生总会遇到一些节点，大多数人要么驻足彷徨，要么知难折返。可还有些人却会反复询问自己，甘心吗？有资格放弃吗？

既然不能放弃，那就埋首向前吧。毕竟如果只是双手空空地等待，那么纵然在眼前矗起一座金山，也只能徒叹自己没有拔山而行的力气。

衣不沾尘的旁观者，又怎会懂得饮浆食土时如鲠在喉的艰辛。

可是，我努力得到的从来都不是侥幸啊。唯有那些为此付出失去却让自己野蛮生长的，才是我铅华尽洗后真正的人生。

你贴在身上的标签是什么

许多成熟的人力资源会第一眼过滤掉学生气很浓的应聘者。

为什么，因为一个人如果不擅长撕掉内心标签，那他一辈子也就这样了。

[1]

读研时，有一位大我们一届的李师兄非常受到导师青睐，因为他有一次爆发考上了某名校的研，很多人把他当偶像崇拜。

可是我却非常不喜欢他。

同学之间我们往往都不叫对方名字，总喜欢把别人的姓前面加上"小"、"老"之类的前缀，例如小周、小马、老刘等，这样显得亲切。

我们李师兄也就和我同岁，有一天我见到他，寻思叫老李吧，显得太老，不如就小李吧，毕竟和我同岁嘛。

谁知道小李才一出口，这位偶像立马就怒了，他愤怒地质问我："你知道我是谁吗？我可是'××'学校的研究生，我导师是'××'，你居然叫我小李？"

我连忙改口，不断地叫他"李师兄"，然后他臭抹布一样的脸才渐渐没了怒气。

当晚，许多同学都责怪我没有礼貌，导师也半开玩笑地说了我。

可以，这很师兄。

原来，身份这个标签是多么伟大啊！

[2]

一转眼七年过去了，在一次同学聚会中我又见到了这位李师兄。

研究生毕业了五年，大家都有了自己的事业——有了已经是小老板，有的在仕途上已经略有起色，更多的人则是在大学任教。

大家都问李师兄在哪里高就，李师兄笑而不语。

有知情人附耳告诉我：他眼高手低，在北京几家单位离职后，现在昆明找工作呢！

过了一会到了敬酒环节，李师兄醉醺醺地拿起一瓶白酒走到我面前。

"周老师，好久没见你了，今天你不把这瓶酒吹了就太不给面子了，是吧！"

我从不饮白酒，所以我打算用啤酒代喝，旁边同学也提醒他我身体不好。

"哪那么多废话，不给面子是吗？"李师兄不依不饶。

中国劝酒文化的背后就是一种控制，领导用这种方式测试下属的忠诚度。

在信任已经完全破碎的现代社会，人们也用劝酒这种方式来维持交际，潜台词是——你是否愿意牺牲自己的身体来维护这份关系。

对于这种连工作都没有的所谓师兄，于情于理我都没有必要伤害自己身体，我拒绝饮酒，转身离开。

[3]

"你小子给脸不要脸，你以为你是谁？我可是'××'大学毕业，'××'

名师是我硕导，你算个什么东西？"

听到这话我笑了，毕业这五年来，我可是十分努力的。很多电视台嘉宾、政府顾问、学会常委、杂志编委之类的头衔，尤其在成为网文手的这段时间，不少名人也是我朋友。

但我一个身份都没用，我很郑重地回答他。

"我就是剑圣喵大师，行了吧！也许你会笑，但一个五年来还在以名牌大学毕业生自居，并没有升级成更牛角色的炒冷饭大神，我为他感到悲哀！"

听完这话，他更加愤怒了、污言秽语都开始向我骂来。

但这一次不同的是，同学们纷纷离场，并没有向七年前一样指责我，不少人甚至公开表示支持我。

人在伤害别人时，总喜欢打着爱或者友情的旗号。

但我不是别人的附属品，我不会贴上别人的标签，更何况是一个五年来从来没有改过的标签。

所以，目前的我就是我自己而已，其他的谁也不是。

[4]

心理学家们做过一个实验，他们把智力相等的中学生分成两组，两组分别挑战不同的内容，共有三关，一关比一关难。

第一关很简单，大家轻松完成。研究者夸第一组学生很厉害，他们是天才。而另一组，研究者只是不断鞭策他们要努力。

到了第二关的时候，那些顶着"天才"的身份的学生开始犯难，最终他们硬着头皮完成测试，但是平均用时已经高于第二组。

到了第三关的时候，"天才们"纷纷放弃了测试，他们告诉研究人员，他们状态不好，时间不够。其他他们知道自己不是天才，但为了保住这个身份，放弃挑战无疑是最佳选择。

第二组的同学却付出的更多努力去挑战测试，他们不少人完成了测验，并没有人觉得自己是天才。

实验告诉我们，当身份的价值高过自身的实力的时候，一个人就会为了保住身份而固步自封，最终固步自封，实力沦为"三流"。

生活里这样的例子太多，贵族骑士、王牌部队往往不敌草莽英雄也是这个道理。

身份和标签这种东西绝对是有用的，一个学者要不顶着"教授"的头衔，可能很难有学校请他去讲座。标签同时也是一个人社交的重要保证，因为相同标签的人往往聚在一起。

但一个人过于依赖标签的话，他会变得浮夸，当离开诸如名校、名企这种大平台时，他就变得一无是处，最后只能大跌跟头。

[5]

这个世界上有太多的人不专注于自己的本质，而是在身份后面躲了一辈子。这种身份标签驱动的做事风格，永远都是一个人内心的毒瘤。

听了上千场讲座后，我总结出一个道理。那些喜欢在讲课开始前就大肆渲染自己身份，几页PPT都放不下他头衔的，你可以提前离场了。因为他一定通篇废话，纯粹浪费你的时间。

讲得好的学术大牛，往往都不爱渲染自己的身份和经历。

很多作者都爱问我：多少粉丝可以成为签约作者，多少阅读量可以微博加"V"，怎么样才可以快速出书。

对于这样的作者我往往都不看好，因为他们一旦获得了签约作者或者微博大"V"的身份后写作就开始疲软，反而不停地到处吹嘘自己。书出版后即便销量惨淡他也不在乎，他甚至从此封笔，因为他只是要"作家"这个头衔而已。

我发现凡是籍籍无名的某某家，头衔前面必要冠以"著名"二字；真正有名的人，只要提名字就能如雷贯耳。

我身边有太多的人，他们不明白用不上的人脉只不过是一堆烂头像，所谓的牺牲不过是安慰平庸的高尚借口。当然，最愚蠢的还是为了头衔而忙碌，为了标签而痛苦。

[6]

毕业五年，我的身份从研究生转为了大学老师，今天又转为了"网红"。当我同时具有这两个身份的时候，我发现我的眼界变得开拓了。

在这两个截然不同圈子里，我发现我的高校教师朋友们稳重但是狭隘，我的"网红"朋友们努力却又浮躁，而我是最幸运的，我可以在两个身份之间取长补短。

但无论教授还是"网红"，都不会是我最后的归宿，我的每一天都不要重复地活着。即便我是大海的一滴水，我也要是最与众不同的那一滴。

我想起了一个人，人气美剧《冰与火之歌》里的龙母。

她的全部头衔是：风暴降生，龙石岛公主，不焚者，龙之母，弥林女王，阿斯塔波的解放者，安达尔人、罗伊拿人和先民的女王，七国统治者暨全境守护者，大草原上多斯拉克人的卡丽熙，打碎镣铐之人，豌豆射手丹妮莉丝·坦格利安。

她的头衔虽然长而且喜感，但是他的这些身份都是经历了无数的磨难才换来的，每一个身份都是一段不平凡的历史。她跟某些成功学大师有着本质不同，因为狮子行千里依旧食肉，屎壳郎行百里却只能吃屎。

当你像龙母一样能够找到自己的人生方向时，请不断开拓你的新身份。

终有一天，在你众多的标签里会浮现出你的终极定义——那就是你的名字而已。

{ 别辜负了 你的梦想 }

某一天，某一节又难又水的专业课，朋友和我在聊天，说起现在对未来生活的迷茫。

其实我们现在都面临着许多的问题，不知道自己在干什么，不知道我们做的有什么意义，不知道未来在哪里。

身边虽然有着一群很好的朋友，可是仍然害怕大学毕业以后各奔东西联系减少甚至无缘再见。

身边有着一个很喜欢的恋人，可是谁也不知道会不会走下去。

谈着前途未知的恋爱，有着不知道去往何方的未来。

我们的迷茫在于，我们明知道很多事情，也许并非是我们出于真心想做。

可是，我们还是为了某些社会的标杆去完成。

我们浮躁，我们不容易满足。

我们鄙视着一切僵化陈旧的思想，妄图打破，但是有时候却悲哀得发现无能为力。

为什么太多，答案却太少。

对于自身的怀疑，以及对于社会的怀疑，时时刻刻存在着。

我们有时候会选择不去想这个问题，而只是做那些事。

但是夜深人静的时候，那些所谓离经叛道的念头，还是会涌上我们的脑海。

让我们睁大着眼睛整整一个夜晚。

我们厌恶自己的懦弱，却又沉湎与懦弱带来的安逸之中。

某一天，我和几个好朋友在汉堡王里啃薯条。

我们三个人相识多年，如今面临着下半年"大三"的生活。

我们是真的所谓需要抉择的人。

有一个打算考研，一个还在出国和工作中纠结，以及一个出国。

这两人我相识多年，成绩优异，一个当了多年班长，另一个屡屡物理竞赛得奖。

如今都在全国首屈一指的高校里读着很热门的专业。

都过了"高口"，"四级"和"六级"成绩优异，而且还是所在部门的领袖级的人物。

在我们眼里，这无疑就是大学里成功人士的典范。

以后他们将会踏上光明的康庄大道。

可是那然后呢？

他们在"魔都"还是需要苦苦赚工资，赌上青春和健康，还房贷还车款。

可能还要被逼相亲，为了孩子的入学和未来操碎了心，养家糊口，照料老人。

也许他们的学历决定了他们的起点比别人略高一些。

但是就如他们其中的一个问我的那样，一纸文凭真的有用么？

我答不上来，因为我也没有答案。

我的同学里有人如同他们一样，考了这个、那个证书，为了这个、那个证书去准备着。"司法考"、"CPA"、"托福"、"雅思"、"BEC"、"中口"、"高口"、"四六"级、公务员、研究生、会计资格证、ACCA以及等等。

他们如饥似渴得在双休日读着各种"二专"，"二外"，以及各种考前辅导班。

我们从没有人问过他们你是真的喜欢这个么？

从没有人问过一个考"CPA"的人说，你是否真的热爱财会？

问过一个考公务员的人，你是否有着廉洁奉公的梦？

我们都明白，现时我们的这些奋斗不是出于梦想，而是出于欲望。

我们都活得太过于急功近利了，而显得都不那么的可爱。

我们青春，可是与迟暮何异？

以前有过一次辩论队"招新"，我们面试过一个男生。

在自由提问的环节我们问他，要是以后他不能上场打比赛，只能在场下帮忙做一些准备工作，他还愿意加入么？

他很直白地告诉我们，如果这样，他不愿意加入辩论队。

尽管我认可他的诚实，但是我不认同他的想法。因为辩论于每一个辩论的人而言，都是有一份感情在其中的。

我们并不是为了比赛而存在，我们是为了场上的思辨，场下团结一致的准备，逻辑的反复推敲而存在的。

出于欲望而做的事情，正如只为了能上场去打比赛而来面试辩论队一样，显得很可笑。

如果一个人，并非真心实意得去热爱某一件事，那么无论有多么优秀的技艺，都无法做到巅峰。

这几天，我又开始看古龙的《陆小凤传奇》。我想很多人都知道西门吹雪，模仿西门吹雪的人很多，要挑战他的人很多，可是西门吹雪却是独一无二的。恰是因为他是真心热爱剑，而不是为了成名成家。

我记得他在和叶孤城的绝世之战里面对叶孤城说，叶孤城的天下飞仙固然精妙，但是他心已不正。

叶孤城不是败给了西门吹雪，而是败给了他自己。

如果我们为了欲望行事，终有一天也会因为欲望而做错事。

西门吹雪在杀岁寒三友的枯竹之前说，所谓用剑，在于诚心正意。

我们活着，又怎么不需要"诚心正意"这四个字？

我问过我一个很好的朋友，他有没有梦想。他沉吟许久以后告诉我没有。

在我们生活的世界里，所谓的梦想大概真的是一种奢侈品。只有满足温饱，才能去实践梦想。

可是我们一开始为了梦想而去做温饱的铺垫，最后却在寻求更高层次的安稳的时候丢失了梦想。

这是多么大的悲哀。

我没事的时候就会写很多乱七八糟的东西，是因为我热爱写文。

如果为了采访，或者分享和阅读来写的话，那么就丢失了本来的心意。

太在乎这些东西，就会丢了自己。太在乎欲望和虚名，也会丢了自己。

别人眼中的虚名，毕竟只是一根看不见的"肉骨头"。

可是又眼见多少人，为了这根"肉骨头"，变成了无家可归的"野狗"。

我知道，我无力解答某些人的迷茫。

也许，有一天我们为了梦想而活，并不一定拥有那么充裕的物质生活。

也许，我们会看到，"朱门酒肉臭，路有冻死骨"，也会看到"世胄蹑高位，英俊沉下僚"。

我只是希望我们活着的每一天，都可以明白自己想要的究竟是什么，自己热爱的又是什么。

不因为这个社会的不公而消沉，也并不因为日益的无奈而妥协。

谨愿我们都有一个不辜负的人生。

我才不甘在这个
看脸的世界就此认输

出差途中，与男同事讨论长相问题。

他说：长相对女人更重要，男人无所谓，丑点也没什么。

而我恰恰觉得，男人可修饰的方法有限，所以天生相貌也很重要。而女人可以用很多手段来调整，或遮掩，比如化妆就是最能化腐朽为神奇的一种。

网上不就有把三个保洁阿姨用化妆造型打造成名媛贵妇的照片吗？

说到底，这个看脸的时代，外貌协会成员与日俱增，长相的确太重要了。

同样爱美食，长得好看叫"吃货"，长得难看就是"饭桶"。

同样是犯二，长得好看叫"蠢萌"，长得难看就是"傻呆"。

同样的微胖，长得好看叫"丰满"，长得难看就是"死胖子"……

分水岭就是这么残忍且凌厉。

这让女人们活得毫无安全感，生怕变胖、变老、起痘、长斑，火急火燎地进美容院，豪掷千金打玻尿酸，再不然，就远渡重洋去韩国再造一张脸。

只因为两个字：不甘。

顾长卫电影《立春》里的王彩玲，对暗恋的男人表白遭拒，男人说："我一直把你当哥们儿"。她一针见血："你是因为我丑才把我当哥们儿的吧"。

邻居的美少妇向她哭诉婚姻不幸，她开门见山："你之所以把我当朋友，是因为我比你更不幸"。

只有绝望的人，才敢这样直言不讳地说真话。

大多数女人，都和三毛在《倾城》里一样自恋："那时的我，是一个美丽的女人，我知道，我笑，便如春花，必能感动人的——任他是谁"。

"美女"即使恶俗，女人们也无不喜欢这个称呼。

《武媚娘传奇》追到30多集时，有人发帖说，李世民和武媚娘怎么还在谈恋爱？直到追完96集，我们才恍然大悟，范爷拍这片子的初衷压根就不是为了还原女皇历史，而是为展示美颜酥胸、华丽丽的造型。就算被管理部门"胸斩"，仍有杏眼朱唇秀色可餐。只有李世民不死，与武才人纠缠难断，范冰冰的美貌才得以最淋漓尽致的体现。

忽略剧情，纯为养眼。周海媚像打了防腐剂一样的脸，张钧甯清丽耐看的五官，张馨予的电镀桃花眼，个个肤如凝脂艳若桃李。看得宅男们想舔屏，腐女们意难平。

其实很多明星，皆不是丽质天成，靠刘海减龄的李艾，用气场制胜的汤唯，用发型遮挡大脑门的孙俪，以站姿掩饰罗圈腿的林志玲……能克服的困难就不叫困难，能掩饰的缺陷就不叫缺陷。

人们太容易把美丽跟轻佻、浅薄、不道德联系在一起。美貌易产生压倒性的优势，更易被苛责、挑剔。

比如，班里两个排名相同的女生，一个姿色平庸但勤奋刻苦，一个天生丽质不怎么用功，老师一定会表扬前者，而后者就被指责为娇纵。

太美和太丑的人都没有好人缘。因为前者有攻击性，后者让人没耐性。

范冰冰却说：漂亮的人也需要拼命。

从土得掉渣的丫鬟，到人气爆棚的范爷，范冰冰无论如何被人诟病，已绝不止是个花瓶。

美貌是朵易凋的花，不是靠化妆品灌溉就能永葆明艳。

我们总是喜欢美丽、优秀、又丰富的女子。

也只有这样的女子，才有抵御流年对抗衰老的本钱。

章子怡自出道就顺风顺水，却鲜有人知道，当年为得到《卧虎藏龙》里王娇龙的角色，她守在李安门外苦练踢腿，一次两小时，一秒不停歇。

杨澜在1994年《正大综艺》风生水起时急流勇退，远赴哥伦比亚大学主修国际传媒，两年后取得硕士学位，四年后推出《杨澜工作室》，六年后创办阳光卫视，十年后任中华慈善总会大使。

玉女周慧敏热爱宠物，将演唱会全部酬劳捐给非营利性的兽医诊所。除了演艺，绘画亦是成就斐然。一幅《新疆老翁》荣获"视艺新纪元奖"，一幅《望过去，看将来》入围首届"中国水彩人物画展"。

舒淇说：活着是一种修行。从以"露点照"搏眼球的"艳星"，到金马奖台上把脱掉的衣服一件件穿回来的"影后"，一路伤花怒放，终成"全民女神"。弹指芳华，红颜不老。

史上有名的丑女钟无盐，据记载额头前突双眼下凹，头颅硕大头发稀疏，鼻孔翻翘，皮肤黑红，因相貌丑陋四十难嫁。这描述想想也是醉了。

而她饱读诗书志向远大。终于在得见齐宣王时以四条治国建议，一举封为"第一夫人"。她从未恃宠而骄，而是照旧勤俭吃苦，以智慧辅佐齐宣王重用贤臣，重振朝纲。

若无才华，只拼脸能赢吗？

汉武帝刘彻曾许诺建"金屋"以藏阿娇，最终仍以"惑于巫祝"的罪名废黜，陈阿娇长门终老，只留一句"以色事他人，能得几时好"给所有后世美貌女子警钟长鸣。

心慈则貌美。

所谓才华，不是读几本诗词歌赋，卖弄几个人文典故。

才华是善良与慈悲。

才华是智慧，更是修为。

这是一个看脸的时代，却绝不是一个只认脸的世界。

就连"芙蓉姐姐"，出道十二年，从最初被唾骂，被讥讽，被鄙视，到十二年后塑型瘦身，长发高绾，一袭龙袍加身的"写真"差点刺瞎"屌丝"双眼，从此网友再无埋怨，成为丑女们的励志典范。

这世上最可悲的事，不是美人迟暮，色衰爱弛。而是你明明体胖却仍然胡吃海塞不肯健身跑步，明明人丑却只会美图秀秀不肯思考读书。

这世上最可怕的事，不是对丑人的无情奚落和看脸下菜碟的冷漠，而是有些人明明很幸运，却偏偏更努力。有些人明明可以拼脸，却偏偏在拼才华。

你若甘愿永远做一个无才无貌又不上进的"穷屌丝"，再低头也没有皇冠可以掉。哭瞎了眼坏人也懒得笑。

那就别再浪费时间追问，貌不惊人的陈若仪凭什么嫁给帅气又多金的林志颖，乏善可陈的昆凌凭什么能搞定冷峻又有才的"周董"。

这就像退休大妈砸上退休工资研究怎么能中五百万一样，不是蠢萌，而是真傻。

美丽是一种运气。

努力才更有底气。

让这美丽、努力和运气，成为此生的福气。

{ 只有你自己的经历
才是最宝贵的 }

这些年被迫读了一些畅销书，比如大学室友一边四仰八叉地躺床上看电子书，一边兴致勃勃地跟我讲苏岑的《女人二十岁要定好位，三十岁有地位》里的经典语录，一副只要把这些名言警句背下来，从此你的人生便走向光明了的痛彻领悟。

玩微博后又知道了一个上帝保佑晚安陆琪，他通篇的关键词都是男人、女人、爱情、婚姻、出轨、伤害人生。而这些所谓畅销书的作家也开始走进电视，指导广大人民群众的爱情观和人生观。

我的书架上现在还有很多类似的书，随手翻几页，这样的畅销书大部分是从我认识一个人开始，和你应该成为那样一个人而结束。书中多处都是令人欣喜关于女人的小智慧，如何勾引男人，不，是吸引男人，如何维护婚姻生活，怎样给爱情保鲜，如何对付小三，如何让丈夫爱自己爱得死去活来，如何塑造女人的魅力，你为什么不幸，什么女人才能得到幸福等等。

我在读这些文字的时候，特别好奇，像作家提及的这种情商高、悟性强、点子多的女人是不是会特别幸福啊？那么懂异性，那么知道自己该怎样努力，懂得那么多的道理，无论读者有任何问题，都能第一时间漂亮地回复过去，如此说来生活中无论遇到什么状况，应该没有什么可以难倒他们吧？

后来有机会做电台，不知不觉好多听众也把我当作了这类知心大姐，跟我讲述老百姓自己的故事，急迫地问我该怎么处理。开始我会很认真地集中回复，甚至特地录一期节目，节目也很火，于是私信收到的越来越多。

可是这些道理我真的都懂么？我可以站在局外人的角度大大方方地选择，因为无论任何结局，我都不用承担后果。就像买衣服，很果断地说，就这件，你穿最好看。可是当你徘徊在两件价格高的衣服之间，就会反复征求别人的意见，到底哪件更好看？不是没主见，只是听是一件事，懂得是一件事，看见是一件事，而自己经历又是一件事。

于是你会发现，当你跟姑娘们说，女人哪，要高冷一点，别太主动，就算你对某个男生有好感也别急于表现出来，要沉得住气，不要主动去追求，要想办法吸引他，让他反过来追求你，因为对于男人而言，自己争取来的才会倍加珍惜。可是当你喜欢一个男孩子的时候，就会忍不住主动给他发信息，会在给他的回复里打出满满的字。

你说，认真就输了，别再爱得像个傻瓜，用力那么猛，像"拉皮筋"，以为你努力些，就能让感情更有张力，却忘了对方随时有可能松手，而最后受伤的是自己。可是当你陷入爱情当中，就如同小时候参加拔河比赛，你明白只是个集体的活动，无关个人利益，却在哨声响起的时候，依然会使尽全身力气，搞得第二天胳膊腿都疼。

当给别人打气时说，女人一定要自信，能被抢走的就不是真爱，一定要无条件地相信他，可是当你发觉一些不正常的现象时，你却开始怀疑和害怕他会离开你；当你劝别人天下何处无芳草的时候，也会在深夜里窝在角落里一滴一滴眼泪地掉，辗转反侧在手机上打满了字，又删掉。

当你跟别人很潇洒地说不在乎对方的过去，可还是会时不时地吃对方前任的醋；说好了不要翻旧账，不要啰嗦，要学会撒娇，要有点心机，却仍是有什么说什么，内心的活动别说写十八本《甄嬛传》了，喜怒哀乐全都跃然脸上；说什么女人一定要温柔，要尊重对方，泼出去的水说出去的话，一定要慎重，可是生气的时候，什么狠话都敢放。

我们都知道父母有多爱我们，我们可以跟陌生人都客气尊重，却明晃晃的持爱行凶；都说不作死就不会死，可是我们依然对爱情那么的较真，宁为玉碎不为瓦全；甚至人人都知道想要减肥一定要少吃多运动，可是你又馋又懒；知道树欲静风不止，子欲养亲不在，可依然一年到头不给家里打几次电话不回几次家；都知道熬夜对身体的危害有多大，可依然打着失眠的旗号固执地不肯睡。

这些场景，你熟悉么？一边"balabala"的给别人上课，一边自己都难说服自己。这是虚伪么？就像有人说我写的东西都是心灵鸡汤，这人口味是有多重啊！这些我都经历过，所以才说给你听的，不是跟你展示我的小聪明，而是我告诉你，那只是另一面的我们，一个什么道理都懂的人，一个我们试曾想成为那样的人，是想提醒我们自己，也是想着如果我做不到，希望你能好好的。

只可惜虽然道理都懂，却还是拼不过本真。都知道说话要委婉，可是因为你是个心直口快的人，难免还是得罪人；都知道深藏不露，却还是忍不住的想表现自己；听说扶起老太太可能会被讹，依然不想昧着良心视而不见；都知道贫贱夫妻百事哀，可依然选择跟你在一起；早明白男人花心女人心气高留不住、配不上，依然还想尝试着在一起走一段路。

成天感叹说你懂了那么多道理，仍旧过不好一生的人，可是你懂的究竟是什么？杜月笙、白岩松、徐志摩、陈道明并称"朋友圈四大高产才子"，给两亿后人十句十句地"留下"许多的QQ个性签名，流行歌曲的歌词？白岩松、韩寒、马云、俞敏洪的励志演讲看得再多，微博上的营销号上的道理看得再多，朋友圈的心灵鸡汤看得再多，既没有决心减肥扮靓，亦没有恒心读书充实自己，既没有强大的家庭背景，又缺乏竞争实力，成天就凭借念叨几句自相矛盾的漂亮话来装，就想让上帝眷顾你，让命运对你"网开一面"吗？做梦！

大概是因为我们应试教育的时间太长了，所以看见文字就想背下来，见到公式就想记下来，可是你真以为人生就跟星座一样么？相似的月份性格、命运都差不多？随便抓来一个就能用来指导自己的人生么？感情问题只能靠自己，不敢给任何建议，而且我不瞎指挥，真的是为你们好，我从来不知道怎么搞定一个人，也不懂怎么维持一段关系，我都是稀里糊涂跟着运气走，走到这里，而不是想到这里，这让我倍感踏实。

　　当然，比起心灵鸡汤，我更喜欢黑暗料理，非常有创造性地把一些看似不相干的东西融在一起。就好像台湾卖的酸梅小番茄，而不是自拍的时候附上现世安稳岁月静好，捧着一颗玻璃心到处求人放过，与众不同的人生即使走了一些弯路，也好的过原地踏步，至少是心甘情愿的，是值得的。

大声说出你想做的事，然后去做

[1]

上午和小米聊到下半年的重要事项时，我不禁发了一通感慨。

七月已过了三分之一，但回头一看，年初定的两个目标都基本实现了。

下半年的重要目标，都是根据实际情况临时决定的，因为之前的目标已不会耗费太多的时间和精力了。

有目标的感觉真好，做着做着就实现了。

小米让我说说心路历程，我想了想，其实没有什么心路历程。只是刚开始时，有一种很强烈的欲望推着我前行，我根本没考虑过资源、资金、时间的问题，就着手开始写方案了。

第一步完成之后，就是第二步、第三步……如果自己一个人完不成，就去找别人合作。

这半年时间里，我学会了很重要的一点：永远把最想做的事情放在优先位置，尤其是时间和精力的分配。

我有不少的缺点，但是有一个我最喜欢的优点：执着于为自己造梦。我会经常想象自己要变成一个什么样的人，十年、二十年后的今天在做什么事情。

这个自我欣赏的"优点"让我特别受益，在做事情时，我很少出现畏难情绪，反而会有些兴奋。

所以，在完成目标的过程中，我几乎没有什么心路历程，更多的是做事情，一个接一个地解决问题。我自己归结于这是"我想要"的暗示带来的强大力量。

［2］

前几天，"自控力"三期巩固组有个做得很棒的小伙伴给我发了一条消息："小风老师，我在写小说和写随笔之间徘徊，不知道将重心放在哪里？随笔见效快，而且可以多读书，提升快；小说则需要看大量材料，仍然构思不出好情节，但自己又放不下，很想完成它。现在很困惑，很迷茫。"

做你想做的，而不是容易做的——这就是我的回答。

不管是在咨询中，还是在日常生活中，我听到最多也最尤辣的问题就是——我不知道该选哪一个，我不知道做什么样的选择？

谁都有过不止一次这样困惑、迷茫的时刻，感觉真的不好受。

因为在没做事之前，我们就开始百爪挠心、纠结痛苦了，很可能最后的选择结果往往比较悲剧。

去年相当长的一段时期内，我都用这样一段话来回答类似的选择迷茫问题：从生命角度去看，你人生路径上的任何一种选择都是错误的，无论你怎么选，都有差错；因此，当选择来临时，A和B，拿一个走便是。

人生没有对错，只有选择后的坚持，不后悔，走下去，便是对的。我最喜欢的一句诗就是：走着走着，花就开了。（注：不知道原出处是哪里，但我觉得讲得很透）

[3]

不管你有什么样的计划，有多么宏大的目标，都是可以实现的。只要把它放在一个足够长的时间长度上。

一年、三年、十年、二十年……我们有足够的时间来把一件事做到极致。

选择困惑往往伴随着不专注，从而导致原有计划停滞，这是我们一直以来要克服的问题。德国心理学家蔡戈尼克有个著名的"蔡氏效应"，意思是讲：人的记忆天生对未完成的事情更敏感，印象更深刻。

举个例子来说，如果你早上列了一个重要事项，可能做到一半就被打断去做其他事情了，很有可能这一整天你都没办法专心。

这是意识和无意识的斗争。重要的事情、目标、梦想，即使没有完成，也不会被真正忘记，它们统统隐藏到了无意识中。

应对"蔡氏效应"的最好办法，就是开始执行"下一步"。假如你的目标是每月读两本书。

下一步：确定要读的两本书的书名；下一步：在当当或亚马逊找到这两本书，下单、付款；下一步：收到书，拿出一支笔，打开第一页；下一步：看到20页，做读书笔记；下一步：看到40页，做读书笔记……（这个过程中存在很多个"下一步"）；下一步：全书读完，写一篇读后感；下一步：打开第二本书；……重复上述过程。

在这个过程中，不管你现在处于哪个阶段，只想一件事：下一步做什么？

当这种想法占据你大脑的时候，那些"拖延症"、今天状态不好、同事叫我去聚餐等等的理由都会自动让路。

[4]

很多人经常会说自己时间不够用，事实是时间很多，大部分做了无效投资。有兴趣的话，不妨记录自己每天的时间花费，看看有多少个20分钟是容易度过的，是在低价值甚至负价值中耗掉的。

你想学英语，但是刷朋友圈很容易；你想去健身，但是打游戏很容易；你想改善和父母的关系，但是和朋友出去吃喝玩乐很容易；你想早起做早餐，但是赖床很容易。

最想做的不一定很难，容易做的一定对我们自身价值不大。

不管你想要做什么，把这个想法大声说出来，然后开始下一步。

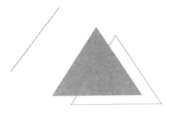

有态度地去生活

你不肯好好爱自己，
就不会有人来爱你，
你不愿相信有奇遇，
你的人生就只剩下了走弯路。

承认平凡，拒绝平庸

[1]

最近又开始听朴树的《平凡之路》，看多了"平凡"这个词，就会想讨论一下平凡这件事。

我问过周围一些人这个问题，你觉得自己平凡吗？

不少人支支吾吾。也许是有所经历，虽然承认了自己平凡的事实，也给我讲了自己的看法，但透露着一种对平凡的抵制。

有的人则坦然无比，承认平凡对于他们来说似乎不是一件难事。

只有少部分人信心满满，拍着胸脯敢和你说，我不会平凡，我的人生也不会平凡。这类人总有着异于常人的自信，无论对生活还是工作，信念都更为坚定。

听多了别人的看法，也会有自己对这个问题的思考。我问过自己，也仔细衡量过这个问题，只是最后得到的答案仍是平凡，尽管我并不情愿。

其实对于绝大部分的人来说，生而平凡。

[2]

我们真的平凡吗？如果是真的，那又怎么解释那些活跃在荧幕上的明星，或者那些为科学与人类做出重大成就的人们。

应该知道的是，在这个世界上有一类人叫作"天才"。

天才，智商异于常人。按照衡量智商的最初设定来看，在正态分布之下，真正称得上天才的人不到百分之三。

即使放在我们熟悉的"二八原则"之中，也只能说明一点，绝大部分人趋于平凡。我们都是一类人。

当然，人生也给了我们取得成就的另一途径，就是努力。通过努力，总能让平凡人做出不平凡的事情，达到不平凡的成就。

但是最终，谁也无法改变生而平凡这个事实。

人是会有抗拒心理的，任何加以强制或者形成压迫的行为，都会引来生理或心理上的反抗。这是一种自我保护。

不愿承认平凡，究其原因，我想是因为我们的不甘平凡吧。

[3]

我们从小就被教育着：要为社会做出多大的贡献，实现怎样的价值。因此有了一种很怪异的心理预期，似乎只要我想了并且做了，就能够做到。

仔细想想，从小到大被问过频率最高的问题，竟然是你将来想做些什么。只不过在小时候，它还有一种更通俗的说法，叫作"你的梦想是什么"。

每个人都是梦想家。我们能够为自己画出理想的蓝图，天马行空，童言无忌。或者套上"王大锤"的梦想，出任首席执行官（CEO）、迎娶白富美、走上人生巅峰。对于大多数人来说，这也并不违和。

只是生活从来不是按你所想的来编排，有太多事情无法控制。有多少人在随波逐流中将自己说过的梦想抛之脑后，有多少人在生老病死面前无所适从。

你要先生活，才能谈梦想吧。

对于我们来说，可以不停地去改变生活，从而实现梦想。却不可能去控制生活，让梦想靠近你。因为你的平凡决定了你只能接受波折不定的现实。这也是为什么多少人在经历了无数次失败之后，才取得最后的成功。

但这个道理，不是想懂就能懂。年轻人，总有一股子傲气。

自命不凡容易让人只看见自己的长处。你脑袋精明，解题速度全班第一，你看着同桌，苦思冥想也解不出题目，心里难免会有某种傲然的情绪在滋长。但是换个角度，他作的画能甩出你十几条大街。

人虽平凡，但各有长处，也各有短处。自以为是的人，殊不知自己正导演着一场怎样的无知。

[4]

只是，承认平凡还是太难了。

那种感觉，就像是你觉得自己身处悬崖万丈，而实际却身在谷底。承认平凡有两者间的距离那么大，换算到你身上就是你的心理落差。这感觉肯定不好受。

无论是自我感觉，还是现实带给你的感觉，经常都让你觉得自己与众不同。

有时候聚光灯会让你眩晕，你会误以为演讲台上侃侃而谈的你是一个指点江山的人物，飘飘然的感觉，似乎自己变成了人们眼中的青年才俊。

但走入社会，走出幻想，多少人的生活和你上演着同样的戏码。你计较的是你多拿了几个奖，还是多做了几个项目？

只有到认清自己平凡的时候，才能够真正理性地审视自己的未来。

[5]

我不觉得应该为自己的平凡而羞耻。相反地，我为平庸而惭愧。

平凡的人在平凡的生活中活出精彩，把每一天变成人生的一种点缀。平庸的生活只不过是得过且过，毫无生气。

我的一个朋友，虽然成绩一般，但从高中就钟情于摄影，坚持着自学，拍了不少作品，也经常给一些朋友拍照练手。后来他踏上了旅行这条路，沿途边走边拍。虽然与不少人一样在朋友圈满是他在各地的定位，但我很喜欢看他拍的照片。

我跟他说，你去到哪，我们所有人都能跟着你看到哪。

虽然他和我们大多数人走的是不同的道路，但我觉得他的生活精彩，不荒凉。

也有另外一个朋友，他的日常给我印象最深的就是他的抱怨。总是觉得世界对他不公，做事也总是三分钟热度。游戏度日，烟酒伴身。

他的生活似乎只有一种灰暗的颜色。然而在我想到"平庸"这个词的时候，他却成为一个最好的诠释。

[6]

承认平凡不容易，拒绝平庸也很难。

在这个物欲横流，无处不充满着欲望的社会，有时候走着走着就错了方向。

怎么活出属于自己的人生，一直都是一个在探讨的命题。说了这么多之后，其实我在给自己的答案里也只有两个词，"乐观"与"坚持"。

"乐观"是对生活的希望，坚持是对梦想的追逐。

"平凡"而不平庸，与你共勉。

请收起你所谓的高冷

[1]

　　紫荆小姐打电话来的时候正是半夜，电话那头隐约的啜泣配着窗外淅沥的雨，简直有种午夜凶铃的即视感。

　　她在电话那头哽咽得逻辑混乱"我难道就这么丑吗？他连下车见我一面都不愿意。我要出家不想再见人了。"

　　我劝慰她许久，才听到了她完整的故事经历。

　　热心的公司大姐介绍了个相亲对象给她，她本来是拒绝的，却抵不过大姐的软磨硬泡和含沙射影"人家小伙子可优秀了，你可要把握机会，女人啊最好看的不过就是那几年，你过了这个年龄，想再遇到这么优秀的人可就难了"。

　　秉持着对大姐的一贯敷衍和对她口中"特优单身男青年"的一丝好奇，紫荆小姐最终还是没有拉得下脸拒绝，在大姐殷勤地张罗下很快两人决定了见面的时间地点，而那位大姐更是好人做到底，不顾紫荆小姐的强烈反对提出陪她一起"初面"。

　　可就在约定时间已到的几分钟里，大姐先是接了个电话，然后面色有点微妙的找个借口走到一旁。没过一会，又挂着更加尴尬的神情对她说，"紫荆啊，要不咱今天也别等了，姐请你喝咖啡去。"

　　紫荆小姐丈二和尚摸不着头脑，"他有事来不了了吗？怎么不早说。"

大姐的神情里开始透出一点怜悯和强装出来的不忿，"这小伙子……人倒是来了，就刚才停在你旁边的那辆黑车……可能是刚到又发现有其他事儿了吧，让我跟你说一声，他就不下车了。"

只剩下紫荆小姐顿时愣在当场。而大姐连忙安慰她道，"这小伙人还是很优秀的，就是有点不体贴，用现在流行的话说叫作高冷，你也别生气我，下次见他一定好好说说他。"

"他有资本骄傲，我就没有吗？凭什么这样羞辱我。"电话里她的声音越来越大，已然从开始的委屈变成了愤怒。"事后也没有打个电话或发个微信道歉吗？"

"没有！所以我拉黑了他，并且非常严肃地跟那个姐姐说今后永远不要再给我介绍对象了，我宁愿单身一辈子也不想再遇到这样的极品。哪儿来的见鬼的高冷，不过是没教养而已。"我深为紫荆小姐最后一句精辟的总结叫好。说罢就"高冷"的拉下帽子挡着脸，自顾自地睡觉去了。

朋友恨得牙痒痒"你不想去不会提前说啊，摆一副眼底无一物的'白富美'模样，修养用来吃了吗？"

[2]

使唤别人帮忙从来不说"谢谢"，约定好的时间迟到了永远不会抱歉，给别人造成了困扰觉得理直气壮，对着一切人一切事都是一副"我不想解释你也不配听"的"高冷"脸。

别傻了，这才不是高冷呢，不过是没修养罢了。

真正的高冷，是温和谦逊下的疏离淡然，千帆阅尽之后的宽广包容，是知道天有多高地有多厚之后怀着敬畏与感恩。即便不会打诨逗乐，也会让人觉得如沐春风，不灸热也不冰凉，跟所有的人保持适当疏远的距离，喜欢孤单，也能够很好地与人相处。

不会聊些家长里短的是非八卦，也不会整天把一些玄乎其玄的"赫尔博斯"、"融资"、"马拉巴黑胡椒"挂在嘴边。不会跟你勾肩搭背，也绝不会让你尴尬到无地自处。不会殷勤到为你买"姨妈巾"，也绝不会忘记每次就座的时候帮你拉开椅子。

不会炫耀也不会自卑，不会谄媚奉承也不会肆意践踏别人的自尊。

对每个人赋予平等的尊重，不失掉作为一个人最起码的礼貌，这才是最基本的修养和素质。

至于那些自认为"高冷"且乐在其中的人，就让他做梦下去吧。

且等时光年年过，看他高冷坑死谁。

{ 谁都能拥有 一段漂亮的人生 }

让我开始有这个想法，是我在日本的一段经历。

刚到日本的时候，我是一个土里土气的小姑娘，不分场合、随时随地戴着三百度的近视眼镜，在冬天常常糊成一团什么都看不清；头发在脑后绑成马尾，露出肉乎乎的脸庞和痘印残存的额头；身上穿着图便宜在批发市场买来的一百一件的外套，蹬着夜市上买来的板鞋。

那时候的我，从来没有想过要改变外表上的任何一点。我从小就坚信一句座右铭："长得漂亮不如活得漂亮。"我其实是一个很骄傲的人，因为根据成绩单，我一直将自己归在"活得漂亮"的那一类当中。我更关注书店而不是服装店，床头摊着的是时政报纸而不是时尚杂志。打开衣橱，我安心于一片颜色为黑棕灰色且毫无设计感的衣服。在我看来，拥有优秀的学习成绩比时尚品位重要得多。

然而，我的朋友们却根本不这么认为。

在日本，无论男孩还是女孩，都特别会打扮自己。街上随处可见药妆店和服饰店，里面摆满了各种品牌的化妆品和当季服装。街上的男男女女，从头到脚的每个细节都充满了设计感。

我的日本朋友们，只要谈到时尚或者打扮，都能说得头头是道。当他们聚在一起谈论某款新上市的护肤品有多么好用、某个品牌的时装最近出了新品的时候，我总是静静地待在一旁看自己的专业书，从不参与这些与打扮有关的谈话。就连逛街也一样，当朋友们兴高采烈地试穿新衣服、试用化妆品的时候，我一直扮演着提包者的角色，和其他陪太太逛街的先生一起坐在休息区等待。

我觉得这样的生活方式没有什么不妥，因为在我看来，自己种类贫乏的衣橱已经满足了"取暖遮羞"的最基本需求，我也不需要用那些瓶瓶罐罐的化妆品将我的脸变成京戏脸谱。

直到一年的圣诞节，和我关系很好的日本女孩诗织送给我了一个大包裹。我拆开一看，里面是一件颜色很亮的大衣，剪裁很细腻，设计感也很强。但同时，我也确定这是一件永远都不会出现在我衣橱里的衣服。

诗织满脸期待地看着我说："我觉得这件衣服特别适合你，你穿上一定很漂亮。"

我把衣服送还给她："这么漂亮的衣服，你穿着一定比我穿更好看。"

我不知道怎么向她解释自己没有合适的衣服和鞋来搭配如此时尚的大衣，只好说自己不想花费太多的时间在外表上。"我觉得内在的修炼比外在的打扮更重要。"我如是说。

诗织很不解，她说了一番让我至今难以忘记的话："如果内在修炼得很完美，那么为什么不用好看的外表去包装它呢？美丽的外表不是才更配得上美丽的内在吗？"

诗织说得没有错。她的话，让我第一次发现，内在和外表并不是对立、矛盾的，而是可以共存、互相促进的。

买椟还珠这样的外表盖过本质的方法固然不可取，但若卖珍珠的楚人只将珍珠草草包起，不加任何修饰与包装，想必也会让人忽略这稀世珍宝的价值。

心理学上有名的七秒钟理论，说的就是人与人见面时，产生的好恶往往决定于见面的头七秒钟时间。想要在短短七秒当中胜出，取得好的第一印象，往往靠的就是仪表。

此处的仪表并不仅仅指的是长相的好坏，更多的是一种打扮得体、个人气质的体现。同样是第一次见面，一个衣着整洁、搭配亮眼的人，往往比一个头发油腻、衣领肮脏的人更容易得到他人的信任和认可。

我还是最终收下了诗织的礼物——那件时髦的大衣。并且，为了搭配这件衣服，我还在她的帮助下，尝试了自己从来不敢穿的裙装和高跟鞋。看着镜子里焕然一新的自己，我突然感受到了一种从未有过的自信。

大衣紧身束腰，让我不得不抬头挺胸；高跟鞋将我拔高了一大截，走起路来显得更有气势；而裙子比裤子贴身，穿上它让我更加在意自己的日常姿态，不会再如男孩一般大大咧咧。

我感受到了一直被我忽略的外表的魅力，这种魅力不仅仅是走上街头路人的回头率，更重要的是，它让我更加喜爱自己了。

我的世界，从一个不喜欢照镜子、不喜欢拍照片且浑身充斥灰色怨气的阴影，渐渐地变得色彩缤纷起来。打扮、搭配、化妆，这些一直以来被我轻视的装扮技巧，带给了我意想不到的自信和愉悦。

我无比享受这些变化，甚至将那件大衣穿到了一个工作的面试会场里。在其他应聘者都穿着单调沉稳的正装的面试场上，只有我一个人穿着鲜艳的红色，侃侃而谈。令我惊喜的是，面试官当场就决定录用我，后来他还成了我的直属老板。

他在私底下告诉我：我的履历并不是最好的，但是我身上所散发出来的自信和气场，却强过任何对手。

这是我亲身经历的，"长得漂亮"的力量。

女性的成长经历过两个极端，从不重视内在、靠外表取胜的"女子无才便是德"，到女性意识觉醒、追求男女平等和内在价值的"长得漂亮不如活得漂亮"。而现在，我们所要追求的是内外兼修，不仅是活得漂亮，也要长得漂亮。

精致优雅，内外兼修，你也能拥有一段漂亮的人生。

{ 左手牛奶和面包，右手诗歌和远方 }

今年5月，一个很久没有联络的人，更为准确地说是我一个朋友的弟弟，阿辉，忽然找到了我，说他最近失业了，求抱大腿，求推荐工作。我说，"我现在的公司近期没有招人计划，而且，如果我帮你推荐，应该也是上海地区，我的人脉还没有广泛到可以异地帮朋友找工作的地步。"他说，"哦，我不知道，我也没有什么特别的想法，本来是打算离开苏州回老家发展的，但是又听说老家的工资很低，我就又不想回去了。"

我说，"老家的工资低是自然的，毕竟是二三线城市，不比'北上广'。你应该也知道，像是'北上广'这样的经济发达地区的显著特点就是，高收入高消费，所以本质是一样的。"

"那你以前的公司还招人吗？"

"我以前在广告公司工作，如果你要进，要么你是广告相关专业，懂广告懂营销，要么你英语好，能够用英文流利沟通做'presentation'，要么你会文案、策划、设计、执行的任何一个方面。否则，我是没有办法把你推荐到我上一家公司，或者任何一家广告公司的。我虽然混过广告圈，多少认识点朋友，但是我不会砸掉自己的招牌，也不能对你不负责任，胡乱地将你推荐到一个待不长久的公司。如果你什么都不会，就算别人看了我的面子安排你入职，回头还是会找一个理由把你'炒鱿鱼'的。坦白说，我的面子也没有大到可以让任何一个前老板或朋友的公司，养一个闲人的地步。这样说，有点残酷，但事实确实如此。所以，其实我想知道的是，你有什么可以谋生的特长或技能吗？这样方便我对症下药帮你推荐工作。"

"特长？反正不是靠身体。"

"很好，你充分地发挥了自己的幽默感。能认真一点吗？"

"我就是不知道自己有什么特长啊，不然找你干嘛？不就是看你在上海混得好像还不错的样子，至少比我哥混得好。"

"然而，并没有。那你以前学的是什么？没有想过做专业相关的工作吗？"

"数控机床啊，但我不想做这个。"

"不如，我换一个方式问你，你有想过自己究竟想要什么吗？"

"钱，我就想赚钱，你这不是废话吗！"

他的答案非常地简单直接，但对话进行到这里，我心里却是轻微的叹息和无奈，因为我觉得我可能帮不了他了。其实，每一次，当我问一个人"你知道自己想要什么"这个问题的时候，期待的是通过对方一个有营养的答案，了解到他更深层次的特质和需求，这样我就能够结合对方的心理状态和客观条件，为他提供更具可执行性的建议。但奇怪的是，有很多次，我提出这个问题的时候，对方的答案都是简洁明了又毫无意义的一个字——钱！

拜托，谁不想要钱。在这个世界上，也许有不喜欢钱的人，但绝对没有不需要钱的人。除了极少数不食人间烟火的人，穷人，富人，有钱的，没钱的，虽然每一个人的位置和处境各不相同，但人类追逐金钱的欲望和立场却是惊人的一致的。所以，想要钱，具体到某一个人身上，并不是一个具有"特殊性"和"代表性"的有效答案。可能，你真的要好好地想想这个问题了。

"那我就不知道了，除了钱，我想不到别的答案。"

"不论你做什么工作，都能赚到钱，只是钱多和钱少的差别。我担心的是，如果你完全只是奔着钱去做一份工作，结果不仅没赚到钱，而且还会做得很不开心，我看过太多这种例子了，自己以前也曾把赚钱当作目标去找工作，每一次，没做多久就离职了。"所以，我才会觉得透过"需要钱"和"想赚钱"这样的表象，搞清楚自己究竟想要的是什么，是一个得以一展能力与才华的平台，是轻松愉快的工作氛围，是赢得他人的尊重与认可，还是别的什么东西，这才是最重要的。

"我就是心里没底啊，很茫然，不然也不会来找你了。老板连上个月的工资都还没发我，我现在连吃饭都是个问题。"看着南京东路的车水马龙人潮汹涌，他忽然转过脸很认真地问我，"你觉得我适合在上海工作吗？我能在这里生存下去吗？"

"没有什么能不能的，每一天都有人满怀期望地来到这里，每一天也都有人落寞失意地离开这里。其实，只要你愿意努力，愿意奋斗，在哪里都一样。上海再牛，你现在还不是踩在这片土地上？"

其实，我一直很想和大家聊聊"钱"这个话题。

有人说，当代中国问题的总根源是"一切向钱看"，又有人说"经济改革的动力是一切向钱看"，这些深刻的大道理我不懂，我只想说说我的一些小看法。

古人云："君子爱财，取之有道，用之有度"。诚然，我们每一个人都需要钱，但是，在满足基本的物质需求的基础上，也许，我们还应当追逐更高层次的东西，保留一些梦想，一点追求。将来，人之将死时，也不会留下太多遗憾。

中国的社会结构正在由"金字塔型"向"橄榄球型"过渡，这需要一个过程，而现在在工作和生活中苦苦挣扎，努力拼搏的这一批人，将来绝大多数会成为中国社会的中产阶级，而中产阶级是社会进步的中坚力量，所以，我们在关注自身幸福感的同时，也抬头看一下这个国家的未来吧。

而且，我一直觉得追逐金钱的过程就像是在追求一个不喜欢自己的人，往往，你死缠烂打的时候，对方爱答不理的，等有一天，你转身而去，另谋新欢了，人家反倒回头热脸贴上来了，到那个时候，选择权就在你了。

人生在世，天大地大，快乐最大。钱，只是手段和途径，不必当作目标。金钱，是人类社会发展到一定阶段的产物，是等值量化的工具，我们需要钱，也不过是需要这个工具来交换获得相应的产品和服务等，它只是表象和工具，并非本质。所以，比钱更重要的是，想清楚自己究竟要什么吧。

我们就不能试着，左手现实，右手梦想？牛奶和面包都要有，但诗和远方也不会忘。也许，你会说我太天真，太过理想主义，但我真的这样想。如果我一个人这样想，力量必然很薄弱，但如果我们每一个人都这样想呢？

做好生活中每一件看似平凡的小事

北京只有在大风过后才能展现蓝天，周末的阳光明媚起来，是让人连懒觉都不舍得睡的。起床第一件事就是打开各个房间的窗户，迎进新鲜的气息。阳台上晾着昨晚洗净的衣裳，拉开窗帘让阳光照进来，那些衣裳上也立马有了光泽，沾上了太阳的味道。即便是晚上，睡前我也要把客厅里的沙发和桌子整理清爽，为的就是在这样美好的早上，我起床走出卧室，可以看到家是一副整洁、安宁的模样。

我是个喜欢洗衣、做饭、理家的人，再奔波和忙碌的日子也会尽力做好这些事，因为衣要有衣的美妙，人要有人的精神，家要有家的样子。我的人生也经历过外人眼里看似漂泊动荡的日子，在不是故乡的城市间辗转，从自己的房子到别人的房子，但每到一处我都认真做好这三件事，从未疏漏也从不懈怠。经年之后，有人问起曾经，我回答："之前不论发生过什么，现在的我都能够用快乐幸福做总结，即便我选择的是一条弯路，那些多出来的旅途有时候也漫长到举步维艰，但坚持下去居然才会有奇遇。"

好多年里我坚持做好手边的事，洗衣、做饭、理家，和境遇无关，和金钱无关，和男人无关，只和自己有关。于是我一直有温暖的家，穿干净的衣，睡整洁的床，安全感从自己心底升腾起的时候，外面再大的风雨也不怕，谁离开我都可以，我亦不会说再见。安稳的睡眠让我有颜值可拼，丰盈的内心就是最实用的才华，而这些好习惯的养成，都来源于生活中最简单的事情。我从来都不认为一个不会洗衣做饭，不会好好照顾自己，住在乱糟糟房间里的女人，能有多少真正拼得起的颜值和才华。活得粗糙才是我们的损失，会因此错失生活中细碎的美好，活得无趣更是我们情感上的遗憾，不解风情无法体味和感动，就不能真正进入爱情这件事。那么多的人都在说不相信爱情，其实就是自己活得粗糙又无趣，实在是配不上好的爱情。

"能认真洗衣做饭理家的人，都自带着一种光芒，没有人照顾你的时候，你就要好好照顾自己，养好了自己的胃，你的心就有力气去过你想过的生活了。"这是我妈妈当年告诉我的话，她从没有说过我一定要嫁个男人有个依靠，而是一直强调我要拥有自己的能量与微光。所以不论何种境遇，哪怕身处暗夜，或是遭遇凄风冷雨，我也一直都记得好好照顾自己，哭了、笑了、累了、疲了，我也认真洗衣做饭和理家，做好一切手边能做的事去等那个晴天。久而久之我又有了照顾别人的能力，只是顺手拈来根本不必刻意为之，当我看到眼前人也穿干净的衣、睡整洁的床、回温暖的家，我觉得这三件最简单平常的事情也是我的才华，并且已经成为我身上独一无二的光。

我的生活和情感之所以快乐多于痛苦，幸福胜过坎坷，那是因为我从来都是活给自己看，甚至根本不需要不相干的人了解我，没有解释也就不要理解。多年后我渐渐平静，渐渐简单，渐渐温柔，远离了虚荣攀比，屏蔽了嘈杂喧嚣，时时扔掉一些无用的物和人，苦不说，痛无语，享受寂寞吞下孤独，才终是看到了自己面对生活和情感的赤胆忠心，于是才深刻感受到"希望是件美好的事情，并且一直在"。细节其实是我们为自己营造的一种生活意境，以小衬大，以少胜多，先是悦己才能醉人。精致则是一种有情趣的生活姿态，你是愉悦的，你身上的光就是温暖的，你身边的人也是幸福的。

有时候我看到阳台上孩子的花裙子和爱人的白衬衫，都会有深深的幸福感。我每天用心打理这些，一件件洗干净晾起来，再一点点熨烫整齐挂进衣柜，第二天早上，看到他们穿在身上去上学和上班。当别人的女人抱怨生活琐碎家务繁重的时候，我却沉静其中乐此不疲，在我眼里这实在是不算累，而是我表达爱、感受爱的一种方式，爱自己和爱家人。早已学会不在不值得的人和事上浪费丁点精力，所以我有时间做自己喜欢的事情，又因此收集和储存了满满的爱，静静释放给需要的人。眼里没有小事情的人，心里也不会有大梦想，嘴上天天努力的人，往往最过不好自己的小生活。

不要小看生活中的平凡小事，如果是个好习惯，你坚持下去就必然会因此受益，包括读书、健身、工作、梦想、爱情等等。要知道，你的某种坚持，久了就会成为你的信仰，而一个有信仰的人，才能坚守底线不越雷池一步，最终过得更幸福安宁一些。信仰是心灵的产物，即便没有宗教和政党，人同样可以拥有信仰，那是我们人生路上的灯塔。

命运为每个人的前方都铺成了一片风景，你一直看不到，是因为你从未走出过自己的那口井，爱情为每个人都选好了另一半，你一直没遇到，是因为你的粗糙无趣盖住了你的光芒。你不肯好好爱自己，就不会有人来爱你，你不愿相信有奇遇，你的人生就只剩下了走弯路。

{善待每一个
时候的你}

我在差不多十岁的时候,被母亲带到了城市里生活。那个时候母亲每天有十块钱的收入,日子过得相当拮据。我和姐姐都是懂事儿的孩子,所以从来没有跟母亲提过什么奢侈的要求。在那个年月,我眼里的奢侈可能就是六块钱一双的橡胶运动鞋,城里的男孩子都在穿的。

我穿着我母亲做的布鞋到教室上课。有一天一个老师看到后,一点情面都没有给我留,当着全班学生的面说我的鞋子土到掉渣,还建议我不要再穿到教室里来了。我到现在都没有想明白那天被侮辱的具体原因,我只知道我真的很难过,并从那天起就再也没有穿过一次布鞋。于是,我记住了那个老师,教我数学,姓高。

刚到城里上学的时候,我的数学成绩特别差,基本是每周都会被高老师叫家长的那种程度,我母亲没有逼我什么,她知道我需要一个过程,于是算是忍气吞声地被高老师喝令。我是一个自尊心很强的孩子,尤其见不得母亲受气难过,她是一个连我父亲抚养费都不要的坚强女人。于是,我跟着上初中的表哥同时睡觉同时起床,几乎是走火入魔地学习,重点是数学。那次的期中考试我的数学成绩考了全班第三名。

我当然是高兴的,第一次真正理解和体会扬眉吐气的感觉,我还告诉我母亲老师会奖励前三名一个本子，很厚的那种，高老师之前答应过我们。然而，在那天的评卷的过程中，她给第一名、第二名、第四名的同学发了那个我一直期待的本子，唯独没有发给我。理由是：借读生不享受校友的捐赠，那些本子都是要奖给有户口的学生。

我到如今也还是想不明白一条正常的逻辑和理由，就像想不明白当时她侮辱我穿布鞋一样。那天放学，我是哭着借钱买了一模一样的本子回家给我母亲，我母亲看我哭，还以为是高兴的眼泪。我没有说破，不想让她和我一样难过。

再后来，高老师还对我做了许多类似的事情，我也渐渐不去想她的理由，我只是告诉自己：高老师不喜欢我。于是，所有的一切都有了解释。

我曾经尝试过讨好，橡胶运动鞋和全班第三名。然而结果你也看到了，并没有什么实际性的改观，于是，我说我没必要让所有的人喜欢我，这是真的，但，为自己而努力，也是真的！

在那个冲动幼稚的年纪，我也曾经做过一些让我如今特别后悔的事情，比如在非常寒冷的冬天，我用牙签封住高老师家门的锁孔，或是在他们小区的墙上写上诸如她长得丑之类的秽语，现在想来发自心底感到抱歉并且不值得。

抱歉的原因不赘述，不值得的原因是：既然已经准备豁达到不去讨好一个万分讨厌自己的人，那么为了她背上一辈子的心理负担又是为什么呢？所以说不值得。只是让她静静地待在你世界的角落，以此来告诉你：要允许这个世界存在讨厌你的人，并且不要因为别人的不喜欢而折磨自己。

[2]

有了童年的高老师案例之后，我对被别人讨厌这样的事情，就变得更加淡定。

大学毕业以后，我只身一人到距离家乡两千多公里的广州工作。在到达广州的第一个月，我借住在同事家，他们待我极好，但对一个成年人来说，我懂得分寸和隐私。于是，在发了第一个月工资以后，我就主动搬离了同事家，自己找房子住。

我拿着那把从西安带来的黑伞，门外的雨很大，像是从某个不高的地方泼下来的一样，我的鞋子和裤脚都湿了，甚至黑伞被雨水击打出的声音，都让我有了一丝恐慌，具体是在恐慌什么我也不知道。终于，我在全身湿透的情况下找到了一所住处，和一个三十岁左右的国企员工合租，我叫他大哥，到现在我都不知道他具体姓什么。

第一天搬行李到住处的时候，他没有让我进门，而是让我把脚套两个塑料袋再进去，理由是地板刚才拖过。我笑了笑表示理解，于是蹑手蹑脚得像个偷人东西的耗子。

住到合租房里的第二天，汗流浃背的热。我跑到电器修理铺准备买个空调，但是太贵没舍得买，最后买了两台二手电扇，一个摆在床头一个摆在床尾。那天晚上九点多的时候，大哥进我的房间让我关掉一个风扇。我像个傻子一样坐在蚊帐里问他为什么，他告诉我：电费是均摊的，只能用一个风扇。

可是他房间里的空调二十四小时都吹着凉爽的冷风！那一刻，我真想摆出河东狮吼的架势和他理论，但事实是，我毕竟是一个好不容易才找到了容身之所的穷人，我需要忍耐和克制。

合租第二周的星期五，我从外地出差回来需要钥匙进门，但是唯一的一张磁卡在大哥手上，我们还没有来得及向房东申请第二张。我在回到广州的前一天晚上，用微信问大哥怎么办，因为我到达家里的时间是中午十二点，我怕自己被晒化。大哥让我去他公司找，我说好。

果然是一个能把活人晒得融化的天气。我提着一个大箱子，坐了四十分钟的公交后到达大哥的公司。打电话说我到了，大哥回复我说等一下。于是我从下午的一点钟等到了两点四十分，看着眼前一缕一缕升腾起来的热浪，说真的，坚强的我突然有些想要流泪，很复杂的情绪。

我没有再等大哥，有些难过地坐上了回去的公交，胳膊和脸被太阳晒得很痛很痛。我打开手机翻看朋友圈，大哥的朋友圈更新了：羽毛球八号场，爽！

我不争气的眼泪掉落了，我从心底里知道眼泪的复杂。

过了一会儿，大哥打来电话问我怎么在公司门口找不到我，我笑了一下说，我先回去了。

挂断电话以后，我擦了擦眼睛，把嘴角扬得很高。那天晚上我在没有找好住处的情况下搬走了，在宾馆里过了一夜，特别开心，特别开心！

现在想来我都不曾真正怪罪过大哥，因为他有自己的做事方式和原则，而他或许也并不是讨厌我。但是我很理性并且清楚地告诉自己，重要的是：我讨厌他！

我终于从一个被别人讨厌、讨好别人、接受别人讨厌的孩子，成长为一个光明正大、讨厌别人的人。我是开心着的，我不认为讨厌别人是一件消极的事情，每个人身上都有令我们喜欢的东西，但偶尔也会存在我们忍受不了的缺点，努力适应还是无法忍受，那我选择不折磨自己，远离他。

如今，我坐在电脑前，回忆着曾经发生过的这些旧事儿，对一个坦然接受了被别人讨厌和讨厌别人的自己来说，我是轻松并且感恩的。我谢谢曾经的那个我善待了的自己，也谢谢曾经的那个我，没有让我变成我讨厌的自己。

{ 时间会告诉你
我们都做了些什么 }

姐就是喜欢"以貌取人"，尤其是三十岁以后的人，她的经历、性格、修养全都会反映在她的脸上和身材上，不用听她们说了什么，时间会告诉你她们做了什么。

[1]

曾看过一篇文章写道，在欧洲，越富有、越事业有成的人群，越少胖子和提前衰老的人。其实在中国，随着经济的发展，人们眼界的开阔，这一现象也慢慢推广开来。我也曾采访过演艺圈之外不少优秀且知名的女性，她们的状态大多令人吃惊。

除了阅历和见识带来的睿智和优雅之外，她们的外表年龄都远小于所谓的生理年龄。

在惯常的概念中，事业有成、家庭幸福的女人一定是不辞辛劳、心力交瘁的，因为平衡这两者需要付出的精力无人不晓。但事实证明，真的存在不少的女性，平衡木走得无比出彩，不仅轻而易举地躲过了岁月的杀猪刀，反而成为时间的宠儿。

秘诀就是：勤快，自律。翻译得学术点儿就是执行力、自控力。

她们会安排好每一天甚至每一个小时，高效率地做事，不遗落地保养，决不允许各种借口和情绪成为岁月的帮凶。

[2]

你会不会在半夜十二点，顶着一头油腻的头发，睁着一双已经毫无神采的双眼，七扭八扭地陷在椅子里，然后不停地在网上看各种女神榜样的照片，又心痒又惊叹；或者苦心研究各大论坛里的护肤品，试图找到快速变美的捷径，却就是懒得站起来，跳上一段郑多燕，或者迅速抹好晚霜去睡觉。

你会不会无数次地告诉自己，明天必须减肥，然后把这一志向散播到微博、朋友圈各处，甚至找到几个志同道合的姐妹，最后从第一天的大汗淋漓到五天之后的再无联系。

你会不会早已谙熟美丽的各类法则，并抱定必胜的决心，但在一边进朋友说好要请客的馆子之后就一溃到底。

所以这就是为什么大部分女孩都只是姿色平平，而明艳出众的只占很低百分比的原因。

怪只怪自己偏爱临渊羡鱼，却没退而结网的毅力。

谁让人家饿肚子的时候你在大口嚼油腻，人家在跑步机上痛苦咬牙的时候你在家一坐一天打游戏，人家在用心学习时尚搭配的时候你一条牛仔裤穿一季。

老天太公平。不公平的是，有些人生来比你美丽，却还比你知道努力。

[3]

看看清朝后宫群像图，你会发现，在当今这个时代，为什么女人看上去各个都能宠冠当时的后宫。我们拥有了多少变美的方法，科技的、人文的，我们有了可以夜间修复的"小棕瓶"，有了可以断食排毒的果汁机，还有全身美白的白兔丸，甚至给皮肤注氧的美容仪。

勤快的女人可以像日本的不老美女张婷媗，每天早起晒出一大桌营养全面的早餐，其丰富程度完爆很多人的午餐晚餐；也可以像四十多岁还把自己吊起来上下翻滚练柔韧的李嘉欣；更可以像出道几十年却没什么变化唯独没吃过饱饭的宋丹丹。

全部的秘密汇成一个秘密，那就是：她们的坚持也好痛苦，好崩溃。不过她们坚持下来了。

当刻意的坚持变成习惯，一切都云淡风轻了，只需等待收获。连吃一周的蔬菜水果，你的味蕾会被你感动，慌忙做出调整；连做一周瑜伽，你的骨骼肌肉会被你感动，慢慢柔软下来；连睡一周美容觉，你的皮肤会被你感动，淡淡放出光泽。

很多人抱怨，为什么所有的明星访谈里，那些光鲜亮丽的女明星都不说实话，不肯透露真正的保养秘诀，总是千篇一律地"点到即止"，猜都能猜到，什么"饮食规律，多喝水，多吃蔬菜水果，常运动，早睡觉"。简直毫无诚意。

但当你真正地拥有几个明星好友，或者走近这个圈子，再或者你身边就有比女明星还耀眼的朋友存在时，你会发现，这些千篇一律的无诚意秘诀全部都是真的。

而你，可能就是芸芸众生中那个明明手握宝典，却还在疯狂寻找宝典的傻瓜。

[4]

你和她们的距离，只有"按照书上写的去练功"这件事。

多喝水，早睡觉，吃清淡，常运动。这四件事人人皆知的事算宝典吗？我不知道它算不算宝典，我只知道，大部分人做不到的事情，就是少部分人成功的原因。

所以我看到有些营养专家或者时尚界人士流露出这样的言辞：方法就是这个方法，但大家都抄了，都记了，却都做不到。

所以很多时候，能恒久保持身材的女人，和能够把事业经营地风生水起的女人，是同一个人；很多时候，能从真正的丑小鸭，变成真正的白天鹅的女人，和能够白手起家，把普通的人生起点变成康庄大道的女人是同一个人。因为勤快和毅力，在任何领域，都有平地起楼的魔力。

"种瓜得瓜，种豆得豆"这句话，已经老掉牙到每每想起就不愿用，不过这朴实的八个字真的太能说明问题。你在哪片土地日日浇灌，哪片土地不一定会长出花儿来，但如果你不浇灌，一定长不出花儿来。

也许别人天生就有希腊神像一般的五官，黄金比例的身材，以及满墙贴金的家境，但我想说，这一切，都与你无关，频繁地欣赏和羡慕不会让你和她走得更近，唯有你自己的行动，会让明早睡醒的你，因为添了点神采、少了点肉，而拥有加分的自信。

写到这儿本篇就结束了，赶紧扔掉手机去睡吧。最后补一句，姑娘们，没有人值得你熬夜，你知道你的水乳精华晚霜、面霜、眼霜有多贵吗？

对自己的不完美
宽容一点

高中时我是个小胖子，因此常受到朋友们的调侃。比如我站在窗前忧郁地说："学习太累，真想跳下去一死了之。"朋友立马接一句："别，别把地球砸穿。"

胖意味着我很难买到合适的衣服，你永远不能指望一个常年穿深色运动服的女生能好看到哪里去。胖不说，我还经常生病，一个月里总有好几天的时间要吃药、打针。生病带来的不适给了我一种很消极的暗示，即使窗外的阳光再好也觉得心头昏暗。

所以我不仅羡慕那些花枝招展、袅袅婷婷的艺术班的女孩，我甚至羡慕一个从不生病、走路矫健的女同学，她看起来永远那么活力满满。

除此之外，我还不会唱歌，不会跳舞，不会任何乐器，几乎没有任何特长。所有属于青春少女的光芒，一到我这里就变成了一派黯淡。

这样那样的原因让我无比自卑。每次语文老师让同学们上台朗读时，就是我最恐慌的时间。即使不脱稿，我也能感觉到自己在不停地打哆嗦。台下几十双眼睛，每一道目光都像探测灯，让我的紧张和心虚一览无余。

上了大学之后，我们班有个认真负责、积极踊跃的团支书，一心为班级的荣誉着想，但凡有什么比赛、竞赛，她总在不打招呼的情况下给我报上名，以此来逼迫行为散漫的我去参加比赛。

所以我"被加入"了长跑队，"被报名"了朗诵比赛、演讲比赛，甚至被迫参加了我最害怕的数学竞赛。每次我要打退堂鼓的时候，她都严肃地批评加温柔地鼓励，硬生生地将我推上战场。

终于有一天，我发现自己站在台上时不再紧张害怕，即使即兴演讲也能游刃有余。当然，我也不是一天就变成这样的。每逢比赛，我先是一遍一遍地背诵演讲稿，这样，就算再紧张我也能凭借记忆里的惯性连贯地顺下来。后来我到越来越多的人面前演讲，听她们给我提意见，然后一点一点地对着镜子练习、改正，终于我也变成了一个有台风的人。从那之后，我终于知道，许多人并非天生能侃侃而谈的，他们和你我一样，在人后练习了无数遍，才终于得以侃侃而谈。

我也不知道自己是在哪一刻战胜自卑的，但一路走来，我觉得真正的成长是一个让自己越来越有底气的过程。这种底气，有时候不仅仅在于考多高的分数、拿多好的录取通知（offer），而在于积淀了多少足以让自己不忧不惧的东西。

在克服自卑的路上，我不过是用了最笨拙的三个方法——学习、读书、思考。即使现在告别学校开始工作，学习仍然是最能带给我底气的方法。

学习或许不能立竿见影地为你带来一份高薪的工作，但至少给了你找到高薪工作的可能性，也顺带着给了你用高薪工作来证明自我价值的可能性。

有人觉得读名著没有用，读心灵鸡汤更有立竿见影的效果。可我总觉得，也许一篇心灵鸡汤能让你在一瞬间燃烧起了斗志，可很难指望它去拯救一颗卑微的心。

反倒是那些流传了数百年隐藏在字里行间的真挚、善良与美好，足以让你在暗自哭泣时，因为一个遥远的、未曾谋面的、惺惺相惜的人也曾走过相似的痛苦而心存余温。我想起自己在情绪波动、忧郁绝望时度过的日子，是那些书拯救了我。那些伟大的、踽踽独行的灵魂，甚至那些充满力量的只言片语，成了我最好的止痛药。

读书也总是能够让人产生一种错觉——一个人一生的悲欢离合在五六百页的书中便可尽述，而你以造物主的姿态俯瞰万物时，眼下的痛苦不过是漫长人生河流中一朵最微不足道的浪花。

这年头，大家都依赖"鸡汤"甚至"鸡血"，殊不知，真正给人带来自信的绝非仅仅"鸡血"。工作之后，经常要向领导汇报工作、发表感言。最开始，一看到台下一群西装革履、严肃无比的领导也会紧张，后来的解决方法倒不是上台前给自己拼命打"鸡血"，而是在台下认真地查阅资料，一遍遍地修改工作总结，再往前推——也不过是将工作做得更好而已。

如此才有了些底气，去坦然面对台下那一双双炯炯有神的眼睛，从容应对他们的各种问题和质疑。

所以，克服自卑、懦弱和紧张的方法，不过是通过自己对自己的磨炼，变成一个更好的自己，变成一个让人心悦诚服的自己。

这个世界上总有解决问题的方法。觉得胖就减肥，身体弱就锻炼，写不好文章就多写。也许经过一万种尝试之后，你和我一样仍然有些微的自卑。但至少，我们终于能够坦诚又宽容地爱这个不完美、有些胆小却总在进步的自己。

你赋予我的，
我在时光里回报

认识一位长者，他是那种经历过生死，被别人诋毁，侮辱，从那种万人喝彩的境遇一夜跌落到谷底，而后又一步步走出黑暗，隐姓埋名，在另一个领域做出很高成就的人。和他交往多年，很少听他提及被外人仰慕的成就，他的低调和淡然就像隔壁邻居的老张、老王。我们是名副其实的酒友。

有一年，我从牧区淘到几瓶1987年的茅台，约了三五好友品尝，他也在其列。那天，我感慨，我们不是喝的酒，喝的是岁月。看着那略有黏稠的黄汤，平生第一次对酒充满了敬畏和遐想，竟然有无限的回忆。后来，我提议每人喝酒之前要分享一下你1987年最深的记忆。其他人说什么，我都忘了，只记得他的话，他说，1987是他人生的低谷，那些苦难都忘记了，但是那一年，他感悟到一条人生法则终身受用。

后来他给我们讲，他说，认识和了解一个人有两个途径：一是条件允许，和他喝一场酒，酒品就是人品，人在喝完酒之后会卸掉很多伪善和防备，那时候，他在酒的催化下说的话和做的事情都来自真实的内心，当然酒量大的人除外，滴酒不沾的除外；二是条件允许的情况下，和他出去旅行一趟，一路上他对风景的喜好，他的决断，他对陌生人的态度以及他对吃住行的选择，有三天的时间足以把这个人的素养和品性尽收眼底。他说随后的几十年，这是他交友的原则。末了，他加了一句，尤其在行政单位工作的人，不要看在位时有多殷勤，要看他对退位后的疏远和评价。

之后他的这些感悟，基本成为我交友的准则。其实我们每个人心中都住着一个白骨精，酒和旅行就是那个魔咒，总会现出原形的时候。

有一次，我和一位曾经的同事去外地办事，因为不是很熟悉，话少，客气，一路无语。开完会的时候，那位朋友递过一个纸条，说晚上和他当地的同学一起吃饭，去了才知道，他的同学们听说他过来，从几个城市不远数百里地赶过来，就是为了和同事喝一场酒。要论身份和地位个个都比我那位同事的官职要高，都是当地的中流砥柱，很多人都官居要职，但是在我同事面前，同事就是他们曾经同学时候的老班长，同学那份情谊让人由衷地感动。我第一次见识这种同学的聚会，一群年过半百的人，都退去了现有的身份，回归到当初邻桌的小明、小丽，那时候，我明白一个词叫"后天亲人"。

那一场酒喝得忘记了陌生和年龄，不仅感慨，这就是阅历和岁月。其中有个男的，是某地的领导，但是讲起当年的同学情谊，眼里始终蒙着泪光。后来我从他哽咽的话语里听出来，当年，家境坏到几次退学的地步，后来我那位同事申请和他一起吃饭，每次吃饭都嚷着胖的不行了，以减肥等等理由让出大部分的饭菜给这个小同学。后来那位同学说，其实在那个年代，每个人都生活在饥饿的边缘，我同事用一颗善良的心巧妙地保护了一颗有自尊的同学的心。那同学说到深情处，潸然泪下。我同事一个劲地说，哪有那么一回事了，风轻云淡地说早忘了。那同学说，后来他有能力帮助别人的时候，他首先想到是要有尊严的慈善才是真的善良。和一个人相识，能改变另一个人的人生观，这是一种多大的情怀。

从那一次以后，我对同事有了一种别样的敬意。后来我们从同事成为酒友，成为无话不谈的朋友，接触越多越觉得他内心的明澈和良善像清泉一样沁人心脾，这就是人格魅力。

这些年，我从酒场和旅途也认识了很多人，有的一场酒一次旅行就成了无话不谈的朋友，有的因为一场酒或者一次旅行消失在茫茫人海不知踪影。我从来不会因为某些朋友的消失或离开后悔，也不会极尽挽留，缘分尽了，情谊淡了，但那段经历一直在。失去不值得可惜。

年少的时候，谁若负我，山崩地裂，都是源于太在乎自己，而忘却别人。岁月真是人生的导师，慢慢地你就懂得你来我欢迎，你走我不送的隐忍和懂得。

水不试不知深浅，人不交不知好坏，时间是个好东西，时间能吞咽爱恨，遗忘背叛和纷争，时间也能消化仇恨，验证人心，见证人性，我们往往害怕失去谁，却忘了问自己，又有谁怕失去自己。短期交往看脾气，长期交往看品性。

有一种情义，是你心底永远的安暖；有一种陪伴，能穿越万水千山的关注。始终相信，最美的邂逅不是仕路上，而是仕心上，最真的情意，不是灿若烟花的誓言，而是雨中送伞、雪中送炭。知己，相交很深，从不说破，却永不言弃，默默地注视，无需说破。

岁月莞尔，如此甚好。年华易逝，岁月不老。你赋予我的，我在时光里回报。

人生有涯，情义无价！

{ 我们是谁，就会遇见谁 }

"罗胖"曾经讲过一个故事，大意是这样的：

他有一个非常漂亮的女性朋友，从事销售工作，出售的不是牙膏、面盆之类小件日用，而是那种一笔吃一年的大单，虽然"三百六十行，行行出状元"，但她这个行业听起来似乎挺高大上。于是，老男人"罗胖"好奇了，很直白地问："你长得这么好看，做的又是大生意，难道没有客户对你提出潜规则？常在河边走，你就没有湿过鞋吗？"

漂亮的女性朋友略微沉吟，说："还真有，但是我考虑了一下没接受。我原原本本告诉对方，谢谢你对我有好感，我对你也一样，可是行业里没有不透风的墙，这回我如果答应了你，就意味着下回不能拒绝别人，工作标准得一刀切，那我整个职业性质就变了，我从一个卖本事的姑娘变成了卖色相的姑娘，而行业这么大，我不能一路睡过去，你喜欢我一定会替我考虑，我们还是把这种好感变成彼此的体谅和尊重吧。"

于是，没睡成的客户变成了漂亮的女性朋友的朋友。

可见，人们在选择潜规则对象的时候都是要思索的，首先觉得可能性大，其次觉得风险性小，最后还会试探，试探不成便聪明绕道，完全不是见哪儿扑哪儿的那种。而一个被成功潜规则的人，一定流露出了某种可以被潜的气质和特性，也就是俗称的："盆子不嫌罐子黑"。

这句话文艺点可以说成：当我足够好，才会遇见你。

哲理一些能够表达为：我们是谁，就会遇见谁。

但我更喜欢郭敬明简单粗暴的直言不讳："我们是什么货色，世界给什么脸色。"

所以，大家才能看到很多天造地设的搭档：一直喜欢嫁富豪、"秀"幸福，然后被抓包上电视哭诉抢女儿的黄奕和第二任丈夫黄毅清，没有牵手汤姆·汉克斯就病倒在奥斯卡大门外铩羽而归的黄圣依与霸道总裁杨子，还有那个总是抱怨职场上遇人不淑至今没有获得提升的朋友的朋友，以及她总是搞不定的工作。

奇葩一定能嗅出另一朵奇葩独特的香气，安徽有一道名叫"绝代双臭"的菜，臭鳜鱼烧臭豆腐，这样的搭档，确实是绝配。

只是，如果说"当我足够好，才会遇到你"，那么反过来也可以理解成"当我不够好，好事也不会来"，而这个不怎么好听的理由，才是很多事情真正的答案。

玛利亚·卡拉斯是20世纪伟大的女高音歌唱家，优雅美丽，一生演出歌剧上百部，音域幅度极其宽广，从轻巧的花腔女高音到最壮实的戏剧性声部都能胜任，她还擅长形体表演，演出充满雕塑美。

刘欢曾经与乐评家金兆钧等人一起观看她的演出录像，当卡拉斯出现时，刘欢叫起来："看哪，这才让你知道什么是仪态万方！"

这个仪态万方的女神，年轻时却是个一脸青春痘的胖子，她依靠拼命吃东西弥补童年不被母亲喜爱的缺憾，所以，她身高五英尺八英寸，相当于一米七三，体重却超过200磅，约90公斤。即便20世纪前半叶，没有哪个女高音歌唱家不拥有丰腴的身材，但是，她依旧被所有著名歌剧院拒之门外。

屡次碰壁之后，她不再期待奇迹发生，而是花了一年时间把体重从106公斤减到60公斤，做了激光美化肌肤的治疗，不好看的女胖子变身时尚偶像，米兰的斯卡拉歌剧院向她敞开大门，将近20年里，她女王般统治歌剧界。

只是，如果不减肥，她依旧是个会唱歌的女胖子，被一家又一家歌剧院以各种冠冕堂皇的理由拒绝。

思维方式有两种：一种认为解决问题的症结在别人，另一种觉得搞定困难的关键在自己。

前一种人总是感到绝望，永远所嫁非人；后一种人常常发现惊喜，总是能找到新的机会和出路。

我们在这个世界上真正的得分，往往是自我评估的八折——每个人多多少少都要把自己想象得能耐大点才能包容住心底的脆弱，而生活给我们的脸色又总是在八折的基础上再次做了盘剥，所以，经历螺旋式递减之后，只有实力仍然足够强劲的剽悍家伙，才能够看到生活的好脸色。

那些温暖的假话就像无用的鸡汤一样没劲儿。

而迷信，就是傻子遇到骗子的结果。

前两天，朋友给我发了个段子：年老力衰的黄鼠狼在临近山谷的鸡舍旁边竖了块牌子：不跳下来，你怎么知道自己不是雄鹰呢？于是，每天都有认为自己是雄鹰的鸡血沸腾的鸡从悬崖上蹦下来摔死，成了原本丧失捉鸡能力的老黄鼠狼的午餐，这下，妈妈再也不用担心我会老啦，黄鼠狼天天吃得饱饱的。

其实，朋友的本意是讽刺我这种鸡汤作者给读者打鸡血，没想到，反而贡献了一个素材，让我今天能够多唠叨两句：

假如我们是只认不清自己的"小笨鸡"，就会有条黄鼠狼，在鸡舍旁边竖块"不跳下去，你怎么知道自己不是雄鹰"的牌子，等着我们自投罗网。

不挖苦别人的成功，
也不懈怠自己的努力

前几天，做保险工作的阮阮跟我说，她年前开着一辆宝马出超市的停车场，收费的阿姨问了一句："姑娘，车是你老爸给你买的吧。"她有些沮丧，又有些觉得小小的骄傲，一股奇怪的情绪在心中作祟，让我想到了《美好古董衣店》里的两个特别奔命的姑娘。

我不懂车，但从认识阮阮，就觉得她是个很有冲劲儿的女孩。渐渐相熟之后，阮阮断断续续给我讲了一些她小时候的故事，我拼拼凑凑大概是下面俗气的鸡汤故事：

从小家境不好，住在偏僻的大山，听说读书改变命运，于是拼命读书，真考上了大山之外的大学，于是更加努力的学习。毕业后十年一直在保险公司，从最基础的业务员开始，做到今天的水平。我不太懂她现在啥水平，也不懂保险，单从物质上来讲，甩我几十条街（我就是一个俗到只能看钱判断生活水平的人）。

我把她介绍给我的其他女性朋友，大家纷纷说：

"怎么可能啊，走出大山哪里那么容易？"

"扯吧，这种背景怎么可能有大客户人脉，没人脉怎么做保险？"

"她老公是干嘛的？"

"现在的农村可有钱了，爹妈是拆迁户吧。"

这些问题的答案我都不知道，也没问过阮阮，但我的第一反应是："你们为啥不信啊？"我们经常会在网络上看到各种鼓励女孩变得更美好的文章，也见过很多很多女生在网上大肆宣扬女权主义，表达自己的立场和声音，可真的面对同龄女孩的努力，却总是摆出一副"不可能""背后一定有人"的架势。不相信别人的你，真的相信过自己么？

时隔好些年不见的同学相聚，提到某个女生现在的生活很滋润，大家伙儿不约而同地问道："她老公是干嘛的？嫁入豪门了吧？"

提到业内某个名声赫赫的女总裁，总有声音从背后传来："那有什么啊，不是离婚了么？再有钱再有能力也没什么幸福啊。"

而提到自己每天的努力，"干得好不如嫁得好"，"努力有什么用？还不是个穷屌！"

生活姿态千万种，你怎么知道离了婚就不幸福？你怎么知道那些有本事的女生一定靠老公？跟别人瞥眼睛的时候，自己能不能比对方过得好？

《美好古董衣店》的主人公之一奥莉芙有一篇日记写到"我很好奇，未来的人们会怎样看我们这些生活在世纪之交的傻瓜们。也许到了那一天，这个世界上的女人能和男人一样平等。"100年过去了，表面上的平等在日新月异的变化发展，但我们的内心似乎并没有做好准备。我们不相信自己的努力有一天会让自己实现目标，也不相信别人的努力带来了丰硕的果实。如果说，书中描述的那100年前由于社会风潮引起的不平等压制了女性的战斗力，那今天来自我们内心的不相信才会彻彻底底的让女性对自己的认识毁于一旦。至少前者还可以抗争，但后者已让我们再也无法站起来。

当然，以前我自己也是如此，当我看完这本书突然意识到这个问题的时候，我尝试改变自己的想法。我看励志故事，更看身边人的故事。比如正在创业的朋友小令，一个小女孩开个餐馆被各种部门刁难地一边修车一边在马路边哭；正在日本做贸易的老高，刚给客人买好的货被偷了，自己又搭上钱重新买；我不关心小令是不是"富二代"，也不关心老高的爹是不是很有钱，我只关心，她们正在做的努力，我做不到，我做不到被人欺负还要坚持谈下去，我做不到丢了几十万的货连哭的时间都没有就要去赔。我做不到，就觉得她们真棒，我懈怠的时候，她们就是我的榜样。

当我用这样的心态和眼光看世界的时候，感觉人人都是励志对象。身边的每个人都有值得我们学习的地方，每个人的行为也有能激励我们的地方。承认别人的优点，看得起别人的成功，才是能够让自己走向成功的第一步。而女生彼此之间对于对方成功的赞许与信任，也才是女生从心底走向平等的开始。

如果身为女生的我们自己，都只相信别的女孩靠男人才能成功，自己靠嫁人才能跨进一个新人生，那就真的不要再怪别人看低你了。

不甘平庸的人都要 接受一些不被理解

[1]

在我早期的记忆里，模模糊糊有这样一件事情。

不知道是来了客人还是怎么，我们一大家族的人都坐在一起吃饭，饭桌中间放着一只大碗，里面是煮熟的鸡腿，这在当时还是比较稀罕的美食。

酒席很热闹，小孩子一人一只鸡腿吃得也开心。忽然，我看到一旁的厨房里，奶奶还在烟雾缭绕中忙碌着。我想，要是我们把鸡腿吃光了，奶奶不就没得吃了吗？

我担心地看了看大碗，因为我太小了，居然看不到碗底。于是我站起来，还是看不到，我只好向大人求助："鸡腿还有没有？都吃光了吗？"

妈妈对我眼巴巴的样子感到丢脸，说："一只鸡腿还不够你吃的吗？小小年纪这么贪心！"

我当时一定委屈极了，要不怎么会事隔多年还有印象。

被人误会的滋味当然不好受，可是有时候，被人误会也是一种荣幸。

比如，对一个还没桌子高的小孩子来说，想要多吃一个鸡腿再正常不过了，我不能被理解，是因为我在一众吃得津津有味的孩子里，居然想到留一个给奶奶。

当你的与众不同超出大众的预期，你才有可能被误会，这也难说不是一种荣幸。

[2]

有一种病叫作"中二病"，说的是初中二年级的学生，由于自我意识的发展，往往会表现出桀骜不驯故作高深的症状。

人不"中二"枉少年，我们班曾经也是"中二病"集中爆发的地方。

初中二年级，我们积极使用自己刚冒出来的主见，开始对周围的事物评头论足，好像什么都很明白的样子。

班长大人成了我们的假想敌人，我们有一万个理由集体讨厌他，其中最关键的一点就是，他太能拍马屁了！

明明是大家轮流擦黑板，他偏要在老师眼皮子底下抢着把黑板擦了。拍马屁拍到这个份上，也是够了。

而且，他还表现得很爱学习，学习这么枯燥的事情，怎么会有人喜欢？讨好老师讨好到这个份上，也是够了。

最让人难以忍受的是，我们的一举一动都逃不过老师的法眼，打小报告的除了他还会是哪个？"卖友求荣当汉奸"，真的够了！

初中二年级，注定是一个差等生鄙视优等生的时代。

可是无论是窃窃私语还是冷嘲热讽，都没有动摇班长的马屁精神。而且，班长的招数看起来很奏效，老师们一提到他都笑眯眯的。

出于嫉妒和厌弃，我们决定给他一个小小的教训。某天，趁着班长不在，我们在他习题册涂了一层蜡油，蜡油很薄，看是看不出来的，可你要想在上面这个字，那比登天还难。

这下班长可当不了乖宝贝啦，因为在这本被施加了魔法的习题册上，他不可能完成作业。想到班长在夜灯底下徒劳无功孤军奋战，想到第二天老师大失所望严厉斥责，我们就忍不住窃喜。

第二天，我们等着班长出丑，也等着他来算账。

结果一切风平浪静，他把答案写在白纸上，裁成一小块一小块地贴在练习册的相应位置，一句话也没多说。

班长哪里是一个有心机的人，他爱学习也不是装的。他之所以被我们误会，是因为在我们都病了的时候，他没病。

[3]

我的大学舍友亚楠是个很小气的人。

无论是寝室聚餐还是"K歌"，她总能找到理由不去，留下三缺一的局面给我们遗憾。

亚楠并不是没钱，且不说她每学期几千块的奖学金，单是她给网站做翻译就有不少"外快"。

人哪，真是越有钱就越小气，越小气就越有钱。

说起奖学金还有个笑话，亚楠"大一"的时候由于成绩优异，拿了我们学校特设的巨额奖学金，引起了不小的轰动。

同班同学都等着有福同享，以为一顿大餐指日可待，然而，什么都没有。

有同学不甘心，私下问我们，亚楠怎么可能这样不会做人，你们自己宿舍里总该有点什么吧?

有啊，一人一个笔记本。

天呐，笔记本!

我们白了两眼放光的同学，说，不是插上电就能看电影的笔记本，是你小时候写作业记课堂笔记的笔记本!

亚楠小气得不可理喻。

寒假暑假，我们都迫不及待地回家了，她不走，继续住宿舍，做翻译，当家教，我们问她，你不想家吗？她冷冷答两个字，"不想"。

真的是不想，因为她平时连个电话都不会给家里人打，问起来就说，打电话不花钱吗？

什么都提钱，连人情味都没有了。那时候真不理解，钱有那么重要吗？

直到有一天，舍友从传达室拿回一张寄给亚楠的明信片。

明信片上画着幼稚的图案，从很远的地方寄来。

寄件人称她为亚楠姐姐，说感谢亚楠姐姐的资助，她会像她一样在孤单的日子里坚强勇敢。

原来，亚楠并不是没有人情味，她根本没有一个可以随时依赖的家。

她也不是小气，她只是在自力更生的日子里懂得了金钱的价值。

当我们习惯了不劳而获，拿着父母的钱吃喝玩乐的时候，以为自己很酷，很懂人情世故，而自强不息的亚楠，就成了不入流的那一个。

[4]

我们总是用大众标准来衡量他人。

比如，做人要慷慨，做事要圆滑，要娶妻生子，要赚钱养家。

我们能很容易理解这样一个人，并把他称之为成功者。而且，我们恨不得把所有人都塞进这个模子里，变成一个合乎规矩的俗人，哪怕规矩不过是一群俗人的规矩。

鸽子看到老鹰在云端上飞，一定觉得难以理解，飞那么高不累吗？掉下来可就惨了。

绵羊看到藏羚羊一路奔驰，也大约会摇头叹息，人生苦短，何必如此匆忙。

　　逆流而上的大马哈鱼更是水产界的傻子了，连坐井观天的青蛙都要咧嘴笑话它吧。

　　……

　　请记住：有思想的人在哪里都不会太合群。

　　不要试图让每个人都理解你，这样会显得你很廉价。

　　人们总是希望被所有的人理解，希望别人能懂自己，可是如果所有的人都理解你懂你了，你的个性在哪里凸显呢？再也没有人会觉得你好特别、你和别人不一样，你只会变成一个普通得不能再普通，即使和别人面对面走过也会被自动忽略的人。

　　人行在世，每个人都是一座孤岛。

　　不被理解，不是你在某一方面太出格，很可能是，你在某一方面太出色。

　　如果人人都理解你，你该是有多普通。如果你不甘于平庸，那就接受那份不被理解吧！

{ 热爱并且 享受你的生活 }

女人过得幸福才是最好的养颜秘方，你得努力先让人生的每一个部分都过得值得和美好。你、我、她都过着同样的日子，只是活得粗糙还是精致，就有了两种完全不同的人生，结局也会大相径庭。

[离开父母单独居住]

从工作开始，不论原生家庭的条件如何，我们都应该离开父母单独居住，真正独立的生活就是从有能力给自己一个家开始，然后慢慢拥有一颗强大的心。我们要对自己下狠手，狠狠雕琢曾经不美也依赖的自己，再疼再苦也是哭给自己听，笑给别人看，拼到最后谁输谁赢真的不一定。

我见过一个合租女孩的家，七平方米的房间只有一个开得很高的小窗户，却被她擦拭得很干净。窗台上的几盆绿植各自妖娆，花影绿荫映在小床上方的墙壁上，那里装了个两层小书架，放满了女孩的睡前读物。女孩说："像不像一幅画？花影和书香伴眠安枕，妈妈说走到哪里都要照顾好自己。"房间放着简易衣柜，底层摆放着几双干干净净的鞋，即便现在女孩月收入不到五千，我也知道她正走在努力实现梦想的路上。

越早培养自己独立和生活的意识越好，这是两个概念，独立的人不一定拥有好生活，而那些生活得好的人一定是独立的。

[买房子和租房子选地段，了解周边情况]

选择房子一定要选地段，离上班的地方不能太远，价格便宜固然重要，但每天把大量的时间浪费在路上，也是一种高额的人工成本，这要比金钱重要得多。不要选择太偏僻的地方，人身安全第一位，如果是合租，当然要首选同性合租。异性合租不是不可以，但如果你是刚走出校门走向社会的女孩，你根本无法应对其中的麻烦和危险。

要充分了解房子周边的情况，比如公共交通是否方便，有没有大型的购物中心，最好在不超过一公里的范围内，以便你能在闲暇的时间买菜、逛街、喝咖啡、看书和看电影。工作再忙我们也要抽出时间享受生活的暖阳，周末更要放下手机，去过一个人的悠哉日子，或是两个人的甜蜜时光。

地球离开你照转，工作离开你也不会死，别人离开你或许活得更好，有时候我们没有自己想像的那么重要。

[一个人，或是和家人一起好好吃饭]

厨房中的餐具五花八门，卧室的大床上铺着分不清颜色花纹的东西，餐桌闲置不用堆满杂物，一家人拿着不同的碗碟对着电视机吃饭。大家又都在抱怨工作不快，生活无聊，情感平淡，却又不会好好做饭吃饭，没有一点生活情趣，对自己的粗糙视而不见。

"能认真洗衣做饭的人，都自带光芒，没有人照顾你的时候，你就要好好照顾自己，养好了自己的胃，你的心就有力气去过你想过的生活了。"这是我妈妈当年告诉我的话。她从没有说过我一定要嫁个男人有个依靠，而是一直强调我要拥有自己的能量与微光。所以不论何种境遇，哪怕身处暗夜，或是遭遇凄风冷雨，我也一直都记得好好照顾自己。

美食美物都会让人产生幸福感，哪怕再艰难的困境让我累了倦了，我也要和家人坐在餐桌前，用精美的餐具共享早餐和晚餐，彼此支持等人生的晴天。

[每月一次下午茶或是去咖啡馆吃早餐]

我对喝下午茶这件事珍爱有加，即便一个人去喝杯咖啡也会盛装出行，那是属于我的午后。如果是和闺蜜约会，一定提前定好位子，我重视每一次的约会和聚会，把出差也当成是旅行，所以才拥有了能看到美好的眼睛，能感受幸福的能力。

每个月都应该安排一两次去咖啡馆、西餐厅之类的场所吃早餐，或许就是简单的吐司、煎蛋、培根、果汁等等。走在清晨的风里，坐在优雅的环境里，吃什么其实并不重要，重要的是我们享受这样一个过程和氛围，告诉自己原来还有这么好的生活。

我相信自己值得拥有贵一点的东西，又明白了自己配得上更好一点的生活，于是更加努力从不抱怨，因为我及时拥有未曾辜负，那多付出和尽力拼就是应该。

[调整生活的坐标，经营自己的情感]

有些年我也一会想东一会想西，这山看着那山高，以为自己无所不能，结果大部分时间却是在失望、焦虑和倒霉中度过，甚至手边能做的事也借口心情不好一件件耽误，又一样样过得更糟糕。生活和情感屡屡受挫之后，我终是开始反思，抛弃一切阻碍自己的情感纠结，重新调整方向和重心，只选择自己最擅长的一件事坚持做下去，到现在找到了自己最想要的生活。有时候我们不是知道了才坚持，而是坚持了才知道。

如果你的现实境遇阻碍了发展，如果你的情感痛苦多过快乐，那就开始做最实际的改变，不一定非要做个决定，而是先从改变自己开始。就算生活残酷效果缓慢，也不要沮丧和懈怠，哪怕是做努力爬行的蜗牛，或是坚持早飞的笨鸟。我们都是这样试着成长的，一路跌跌撞撞又遍体鳞伤，可坚持下去你就会发现，自己站在了最亮的地方，活成了自己曾经渴望的模样，又拥有了让身边人也快乐幸福的能力。

经营情感也是我们经营人生的一部分，最好的情感状态是彼此支持和彼此成就，如果一方拖一方的后腿，一方改变一方永远不变，那这样的情感关系最终都会成为我们的负累。

[定期整理东西，用仪式感告别过去]

我把照片合影之类的东西都烧掉，电脑手机中的都删除，他用过的毛巾碗筷和送我的礼物都打包，直接扔到楼下的垃圾桶。然后又是两个小时的大清洁，扫除了他在这个家里的所有痕迹，这是某一天我决定和前任分手后做的事。求爱需要一个仪式，不然那是轻薄，分手也该有个仪式，不然那是逃避。尽管这是个用电子邮件、短信微信、打个电话就可以说分手的时代，但我还是需要这样一个仪式，和我曾经的爱做正式告别，然后永不再见。

要定期整理收拾东西，该扔掉的果断扔掉，包括不能为家、为你做任何付出和贡献的人！该买的东西要尽量买品质好的，非要退而求其次买回家了，过后还是会去买最心仪的那一个，久而久之家里就会多出很多你不喜欢的废品。

我们只为值得的人赴汤蹈火，对闲杂人等别在乎太多，该扔的都扔掉，并且郑重其事。不要忽略心灵的力量，仪式感其实就是在表达我们对生活的热爱和敬畏，对困境无声却极富韧性的抗争。

[热爱并且享受生活]

别再跟我说你有多想改变自己变美了，只说不做就全是你自己想得美。真正的改变都是从小事做起，先收拾清爽你的房间，培养对自己有益的兴趣爱好，再精心挑选几套家居服再窝在沙发上看书和追剧，然后化个淡妆穿上裙子和高跟鞋去上班。周末回家记得先去逛逛菜市场闻闻烟火气，顺便带回一束鲜花送给又努力了一周的自己，当你的厨房也能绽放四季花影的时候，做饭煲汤都会变成一件愉悦的事。

快乐和幸福，真的不在于你是一个人还是两个人，美和不美，真的不在于你是钱多还是钱少。别动不动就去人云亦云大格局，改变都是从手边小事做起，做不到也变不好，大事你就肯定做不了。你、我、她，其实都过着同样的日子，只是活得粗糙还是精致，就有了两种完全不同的人生，结局也会大相径庭。

不要再为任何人和任何事晚睡，不要再为不吃早餐找借口，与其在生存里收拾一地鸡毛，不如在生活中笑谈举步维艰。

{ 你无须按着
他人的节奏生活 }

前几天趁午休的时候，匆匆取了长居卡。正式宣告在法国的生活进入了第二年。

18岁在准备高考，19岁在浑浑噩噩，20岁在到处飘荡，21岁在准备出国，可从来没有哪一年如同22岁一样，感觉每天都在超高速运转。

我来到一个完全陌生的国家，几乎从零开始学习一门新的语言，有过低迷，但总体来说算是顺遂，现在在一家咨询公司实习，规模不大，却每天都在学东西。社交网络不算特别广，一年下来也找到了几个可以推心置腹的朋友。

其实才过了一年，却觉得好像过了好久好久。

从大学开始，我就一直想出国，骨子里天生的不安分，总想去外面看看，选择法国高商，主要是看中了它优秀的交际网络资源和给予学生足够长的时间去企业实习，这点在我看来，对于想要从事商科的人来说，尤其重要，此外，法国的实习与国内不同，一般都是全职上班，时间跨度基本为半年，工作量与正式员工无异，因此得到的锻炼也就更大。

一开始，和很多人对法国的想象一样，是冲着奢侈品行业去的，理想中的公司是酩悦·轩尼诗—路易·威登集团（LVMH）。

关于奢侈品的展览、电影、书籍一个不落，刚来没多久就跑到蒙田大街30号进行了膜拜。

可是，渐渐地，我却对奢侈品产生了厌倦，我认为，真正的时尚源于个人风骨，奢侈品，因精湛的技艺和深厚的底蕴而流传。可是如今，大部分的奢侈品牌却是空有噱头没有质量，我没有真正进入这个行业，没有发言权，但是我知道，一旦我开始不相信产品本身，我就已经是不适合这个行业了。

我转而希望投入一些科技含量更高，更有社会刚性需求的行业，例如IT和医药。做了这么多年文科生，第一次开始后悔，当初没有咬咬牙继续"数理化"，人嘛，总是好奇那一条自己没有走的路是什么样子吧。

我来到所谓浪漫的国度，处处是画廊，遍地是艺术，却变得更加理性，倾向于量化分析，仰赖于数据和报表，现在，做一张表格（EXCEL）透视表的成就感要比做一段广告视频来得大。

在欧洲最幸福的事情之一，是能亲眼看到那些大名鼎鼎的真迹，能走过他们作画的地方，体会色彩和线条背后的文化。我爱艺术，甚至会被一些作品，感动到眼眶湿润，但我却非常讨厌别人跟我长篇大论艺术，我觉得艺术是一种纯粹的个人感性体验，各有各感，能够打动人心的，即是好作品。

这一年来，很荣幸能够获得国内杂志的平台邀请，作为自由撰稿人，写写关于欧洲的报道。大学读了四年新闻系，毕业后才算是真正写过新闻。做过专访，走过游行，写过的东西，从政治、经济、艺术、文化到生活都有。起初，只是想通过这种方式，促使自己对当地社会进行纵向挖掘，之后，慢慢感受到从事媒体工作的成就感、使命感和责任感。从事文字工作，不仅让我时刻保有一双锐利的眼睛，也让我有一颗放眼天下的悲悯心。我曾经被这样的悲悯心而折磨，但它却是促使我不断努力向上的动力。

来法国一年，我不再那么着急。

一开始很急躁很惶恐，想尽办法扩大交际网络，找很多很多人聊，现在却发现，这一切都不如认真做好眼下的事情来得实在。社交，总归是建立在个人的底气上的，底气不足，就算与再多的人照过脸，碰过杯，终究也是无效。

虽然哪怕自己样样都不行，但相信起码每天都在一点一点地进步，在前进，这是没有虚度年华的充实感，才更加有种脚踏实地的安全感。

我不再着急地想快点把学分修完，着急地进行求职（job hunting）和狩猎人（man hunting），我知道，饭要一口一口吃，路要一步一步走，欲速则不达。

人生是很长的竞赛，应该聚焦于那些真正让自己感到兴奋的事，全心投入，别太计较眼前的得失。

我看到了一个更大的世界，美食美酒美景，好玩的事物，无限的可能性，我有很多事情想去做，很多东西想去学，更想将这样的好奇心保留下去，希望即使到了70岁，也有热情研究机器人。功名利禄虽重要，快乐生活更重要。认真工作，拼命玩（work hard，play harder）。

我不再作特别详尽的规划，三年后应该怎样，五年后应该怎样，而倾向于给自己一个大概的方向，听从内心的呼唤，去做自己想做的事情，过好每一个现在。

一年过去了，依然年轻，黑发，单身，却比以往任何一个时候，都有安全感和踏实感。我感到自己在掌握生活的节奏，不卑不亢，无畏无惧，童心未泯，希望尚在。

这就是最好的状态。